中国梦我要上大学　感恩励志丛书

中小学生做人做事心灵成功学

杨春送　范红伟◎编著

庞树鹏◎编委

中国原子能出版社

图书在版编目(CIP)数据

中小学生做人做事心灵成功学 / 杨春送,范红伟编
著. — 北京:中国原子能出版社,2015.2
ISBN 978-7-5022-6513-7

Ⅰ.①中… Ⅱ.①杨… ②范… Ⅲ.①成功心理–青
少年读物 Ⅳ.①B848.4–49

中国版本图书馆 CIP 数据核字(2015)第 023092 号

中小学生做人做事心灵成功学

出版发行	中国原子能出版社(北京市海淀区阜成路 43 号 100048)	
责任编辑	赵志军 胡晓彤	
责任印制	潘玉玲	
印 刷	三河市华东印刷有限公司	
经 销	全国新华书店	
开 本	700 mm×1000 mm 1/16	
印 张	13	
字 数	186 千字	
版 次	2015 年 2 月第 1 版 2015 年 2 月第 1 次印刷	
书 号	ISBN 978-7-5022-6513-7	
定 价	58.00 元	

网址:http://www.aep.com.cn

前　言

　　把孩子培养成为优秀人才，是每位家长的期望。总有诸多家长苦苦思索，渴望获取教育秘诀。其实，教子的关键在于素质教育，素质教育是中小学生成长的关键。

　　素质教育应从感恩教育开始。对于中小学生来说，感恩能提高个人能力，促进个人成长。感恩能促使人摆脱自私狭隘的心理，领会给予与帮助的快乐，同时，感恩还能唤醒一个人的使命感和自豪感，从而树立起正确的人生价值观。

　　感恩是一种美好情怀，是一种健康心态，也是一个人优良品质的重要体现。一个懂得感恩的人，会将冰冷的世界变得温暖；一个懂得感恩的人，会在学习和生活中更加努力；一个懂得感恩的人，会把爱心播撒到每一个角落。可以说，学会感恩比什么都重要。感恩是精神上的宝藏，蕴藏着无穷的力量和价值，它可以净化人的思想，指引着人的一言一行，懂得感恩，才能赢得精彩的人生。

　　和感恩同样重要的是励志。励志，不仅能激活中小学生的上进心，更能激发内在潜能，唤醒创造的热情，进而培养出创造力。励志的目的就是发掘出内心深处的力量，让弱者成为生活中的强者，让中小学生真正获得尊严和自信。

自信是世上最伟大的力量，自信心就像能力的催化剂一样，它可以调动人的一切潜能。我们如果能唤醒孩子的自信心，让他相信自己的才能并不断努力的话，他的人生将变得无限光明，最终做出一番令人赞赏的业绩。

在成长的道路上，曲折和坎坷无法摆脱，欲想从众多道路中取一捷径，离不开积极自信的心态。在各种挫折和困境面前绝不要退缩和消沉，要凭着良好的心态战胜它。对于自强不息、奋发向上者来说，任何困难都不是障碍，只要有勇气尝试，就能做出令自己吃惊的成绩。

励志教育可以让孩子敞开胸怀接纳命运赋予自己的一切，化悲伤为力量、从过去的挫折中汲取智慧和勇气，然后用这些力量去开拓属于自己的人生之路，掌握自己的未来。

教育孩子要两条腿走路，平衡发展，孩子的感恩教育、励志教育正是"两条腿"，而"梦想"教育则是促使中小学生飞翔的翅膀。

中小学生会成为什么样的人，会有什么样的成就，就在于他的梦想是什么。有了梦想，就有了人生方向。有了梦想，就有一股无论顺境逆境都勇往直前的动力。对于中小学生来说，一旦有了远大的志向，就会有创造性的实践。追求的目标愈高远，自身的潜能就发挥得愈充分，其才能就能愈快速地发展。

中小学生在成长过程中，需要家长的启发和引导。我们的当务之急，是帮助孩子树立高远的梦想，因势利导，激发孩子的创造热情，让他们坚持不懈地为梦想而奋斗。

教育孩子要根据其天性和特点，树立正确的家教理念，找到并采用合理的教育方式，这是培养优秀孩子的关键。初中三年，是孩子们从儿童期向青年期过渡的阶段，堪称他们一生的转折点。如果从初中阶段就注重对孩子进行以上所说的三种教育，就等于为孩子的未来奠定了良好的基础。

本书广泛借鉴现今先进的教育理念，并结合中小学生的自身特点，配以大量贴近生活、生动深刻的教子事例加以延伸说明。从感恩、励志、梦想三方面，对如何把中小学生培养成优秀人才作出了全面的说明和系统的指导。旨在帮助广大家长引导孩子提升素养，塑造性格，为向未来进发做好准备。

本书能为成长中的孩子提供精神养分，帮助孩子自我塑造，自我超越。通过阅读、精读本书，孩子能获得思想的升华和素质的提升，为成就优秀人生打下坚实的基础。本书也是成年人的教子指南，家长将在轻松阅读中洞察教育真谛，借鉴吸收教子经验，从而培养孩子的全面素质，提高孩子的综合能力，使孩子逐渐优秀，赢得光灿的未来！

目 录

中小学生做人做事
心灵成功学

中国梦我要上大学 感恩励志丛书

▶ 上 篇

感恩—— ▶ ▶ ▶
感恩一切，赢得美好的世界

　　教子的关键在于素质教育。素质教育应从感恩教育开始。对于中小学生来说，感恩能提高个人能力，促进个人成长。感恩能促使人摆脱自私狭隘的心理，同时，感恩还能唤醒一个人的使命感和自豪感，从而树立起正确的人生价值观。感恩是一种优良品质，它可以净化人的思想，指引着人的一言一行。懂得感恩，才能赢得精彩的人生。

第一章

懂得感恩，健康的人生从感恩开始

　　成长的第一步是拥有一颗感恩的心。感恩一切善待自己的人或事，并通过实际行动予以报答。感恩是品行的基石，能净化心灵和提升人生境界。当你怀着感恩的心对待他人时，人际关系会变得更加和谐；当你怀着感恩的心去对待一切时，你就会获得真正的快乐。

感恩之心，人生中的阳光雨露

　　我们每个人的每一天，都在接受着各种"恩赐"：父母的哺育、师长的教诲、社会的关爱、大自然的赐予……我们要如何回馈这一切？答案是"要懂得感恩"。

　　人，应有感恩之心，感激之情。感恩，就是对世间所有人所有事物给予自己的帮助表示感激，铭记在心，并且乐于回馈。感恩是每个人生活中不可或缺的阳光雨露。没有阳光，就没有温暖；没有感恩之心，人生将会一片黑暗和孤独。我们要感谢周围所有的人或物。如果没有种种赐予和帮助，我们又怎么生存于世呢，又怎么能取得成就呢？

　　潜能大师安东尼·罗宾曾说过：成功的前提就是先存有一颗感恩之心，时时对自己的现状心存感激，同时也要对别人为你所做的一切怀有敬意和感激之情。一个会感恩的人会比别人更加努力；一个会感恩的人会随时播撒爱心；一个会感恩的人，会将冰冷的世界变得温暖。感恩是一种美好情怀，是一种健康心态，也是前行的动力。有了感恩之情，心灵就会得到滋润、升华，并时时促使自己向前。所以我们必须学会感恩，学会带着感激的心情生活。可以说，学会感恩比什么都重要。

有这样一件小事。

李岩在一次乘坐公交车外出时，见不远处有个妇女抱着一个小孩站着，当时没有人让座。这时，售票员看着李岩说："小朋友这边来，这位叔叔想给你让座。"

李岩听了这话，马上站起来让座，没想到那位妇女径直走过来一屁股坐下，对李岩看都没看一眼。李岩立时就不高兴了，心想，我好心让座，你竟连句感谢的话都没有，真不够意思。这时售票员逗小孩说："小朋友，刚才叔叔给你让座，快感谢叔叔呀。"小孩马上说："谢谢叔叔。"那妇女也明白过来，忙不迭地说"谢谢"。

李岩听到"谢谢"，所有的不快一扫而光，还高兴地逗小孩开心。

感恩能促使人摆脱自私狭隘的心理，领会给予与帮助的快乐，同时，感恩还能唤醒一个人的良知，从而树立起正确的人生观。英国哲学家洛克说："感恩是精神上的宝藏。"感恩的确蕴藏着无穷的力量，它可以净化人的思想，指引人的言行，懂得感恩，眼界会更开阔，更容易得到机遇的青睐，赢得精彩的人生。

一家知名公司需要招聘一名经理助理，前来应聘的人非常多，经过一层层的筛选，最后只剩下了洪新和刘杰。招聘官对他们说："你们回去吧，最后会聘请谁，我们经过讨论后，会在三天之后以电子邮件的形式通知你们。祝你们好运！"

几天后，公司给他们两个人发了同样内容的邮件：

您好！

很遗憾地告诉你，经过公司管理层研究决定，您落聘了。虽然你的才华、胆识和气质我们都很认可，也很欣赏，但是，由于公司只需要一名经理助理，所以我们只能忍痛割爱。

不过如果公司日后有招聘名额，一定会优先考虑您。另外为了感谢您对我们公司的厚爱，我们将随信寄去一份本公司产品的优惠券，祝您好运！

刘杰在收到邮件后，非常生气，他骂道："什么破公司啊，此处不留爷自有留爷处，还说得那么冠冕堂皇……"自然，他只能重新找工作了。

洪新看到电子邮件后，虽然心里很难过，但又为公司的诚意所感动。便顺手花了3分钟的时间用电子邮件给那家公司发了一封简短的感谢信：贵公司花费人力、物力，为我提供笔试、面试的机会。虽然落聘了，但通过应聘使我大长见识，获益匪浅。感谢你们的付出，谢谢！

一个星期后，他接到那家公司的电话，说经过会议讨论，他已被正式录用为该公司职员。

后来，他才明白这是公司最后的一道考题。他能胜出，只不过因为多花了三分钟时间去感谢。

具有感恩情怀的人更容易成功。感恩会让一个人会感激周围的一切，包括坎坷、困难和敌人。感恩是净化人们心灵和校正人们态度的一剂良方，感恩让人的内心更加博大包容。在顺境中，感恩使人谦逊；在逆境中，感恩使人重新树立斗志。当人拥有感恩之心时，就容易摘取成功的果实。

对于中小学生来说，感恩能提高个人能力，促进个人成长。在学习和生活中，当你对周围的每个人都怀有一份感恩之心的时候，你会发现成功就近在咫尺；当你怀着感恩之心去对待身边的一切时，你就会发现原来生活是这么美好。

有了感恩之心，我们就能够使自己的人生永远充满阳光。

感恩是品德修养的基石

做人必须从学会感恩开始。无论你是尊贵，或看似卑微；也不管你身处何处，有着什么样的生活经历，只要你胸中常常怀有一颗感恩的心，就会不断地涌现出关爱、宽容、善良等美好品格。品格和感恩息息相关，感恩，映射出一个人的品行，也是每个人应有的基本道德。

羊有跪乳之恩，鸦有反哺之义。动物都知道感恩，又何况人呢？人生在世，父母给了我们养育之恩，老师给了教诲之恩，同学给了我们陪伴之恩，朋友给了帮助之恩……你最终战胜了困难，得到了幸福。那么，你能不心存感激吗？当一个人对诸多恩情无动于衷，一味地接受不知回报时，他就成了无情无义之人，将会遭到众人的唾弃和指责，也失去了被尊重的权利。而那些给予的人长此以往也会心冷，失去了付出的热情。

深圳歌手丛飞一直被人们称为"爱心大使"，他曾经在10年时间里耗资300多万元资助了178名贫困学生，然而就是这样一个好人，当他家财散尽、身患癌症、生命垂危的时候，那些曾受他资助读完大学并已经有了一定经济基础的人，却没有一个人去看望他一下，更别说帮他支付医药费了。还有一些正在接受他资助的学生家长，竟还在不停地抱怨。这件事情被媒体披露之后，其中有一个受助者不但没有羞愧之心，反而怨气十足，抱怨这样的报道让他很没有面子。

丛飞听到这些无情的话之后，表示：我当初资助他们的时候虽然没有希望他们回报我，但现在还是有一点儿伤心。

我们感叹丛飞节衣缩食只为帮助贫困学生，却也愤慨在他重病之时竟无人援助。其实这已经不是一个单纯的让人伤心的问题，虽然丛飞没有指望什么回报，但是最起码这些受助者应该怀有一份感激，而不是对此心生怨恨。

作为一名中小学生，正是学做人的关键时期，绝对不能被这种不良风气所影响，要懂得感恩。感恩是美德，而"忘恩负义"却是违背道德的可耻行为，是最重的一种谴责。而人一旦丢弃了感恩，那就等于丢弃了一切，将得不到他人的认同与尊重，更不可能实现自己对幸福和成功的渴望。

对每个人来说，感恩，它不是枷锁，更不是负担，而是催人向上的动力。感恩的人，懂得如何帮助和回报别人，懂得如何拂去心灵的浮躁和抱怨，懂得如何反思和成长。懂得感恩的人不会在迷茫或是困境中迷失自己的方向。要获得长期的、可持续的发展，学会感恩才是真正的利人利己之道。

　　一天，一个美国商人不慎把一个皮包丢失在华盛顿的一家医院里。他焦急万分地连夜去找，因为皮包内不仅有10万美金，还有一份十分机密的市场信息。当他赶到那家医院时，他一眼就看到：在医院走廊尽头靠墙根蹲着一个瘦弱的女孩，她怀中紧紧抱着的正是他丢失的那个皮包。

　　这个女孩叫凯瑟琳，是来这家医院陪重病的妈妈治病的。她家里很穷，没有钱明天就得被赶出医院。晚上，无能为力的凯瑟琳在医院的走廊里徘徊，突然，一个匆匆从楼上下来的人将腋下的一个皮包掉在地上，凯瑟琳走过去捡起了皮包，急忙追出门外，那人却上了一辆轿车扬长而去……

　　凯瑟琳回到病房，当她打开那个皮包时，她和妈妈被里面成沓的钞票惊呆了。那一刻，她们心里明白：用这些钱可以治好妈妈的病。妈妈却说："曾经有那么多人帮助过我们，我们应懂得感恩，现在你应该把皮包送回走廊等待失主回来取！"

　　找回皮包后，为了感谢这对母女，商人尽了最大的努力帮凯瑟琳的妈妈治病，但她最终还是离开了人世。之后，商人收养了凯瑟琳。凯瑟琳读完大学后成为了一个优秀的商业人才。

　　商人临危之际，留下一份令人惊奇的遗嘱："是她们母女使我领悟到人生最大的资本是品行。凯瑟琳是我做人的楷模。有她在我身边，生意场上我会时刻铭记，哪些该做，哪些不该做，什么钱该赚，什么钱不该赚。这就是我后来事业兴旺发达的根本原因。我死后，我的亿万资产全部留给凯瑟琳继承。"

感恩是一种优秀的品德，也是做人的基础。在年少时便养成感恩的美德，就会为日后的大有作为打下坚实的基础。

家长在教孩子知识的同时，必须教孩子学会感恩，让其带着感恩的心生活。教孩子学会感恩，最好的方法就是引导孩子多考虑他人的感受，让他明白"自己的感谢，会给对方带去快乐"，然后自然地表达出自己的感恩之情。拥有了一颗感恩的心，才可能不断发展进步，从而让自己变得更优秀！

感恩的关键在于回报意识

自古以来，中国人就以乐于助人，知恩图报闻名于世，更有"受人滴水之恩，当以涌泉相报""衔环结草，以恩报德"的古训。这些无不让我们感受到一种感恩的情怀，教育着一代又一代的中国人。

感恩的关键在于回报。回报，就是对哺育、培养、教导、帮助、乃至救护自己的人心存感激，并通过自己十倍、百倍的付出，用实际行动回以报答。一位男士捐给了北方的一个小男孩1000元钱，但这个男孩却把他的恩德深深铭记在心，即使在极贫困的条件下，仍坚持给他写感谢信，虽然这位男士已经快忘了这件事。小男孩的知恩图报让人快慰。

"滴水之恩，当以涌泉相报"，即使有人给了你一壶水，这个人，也是你必须去感恩的对象。在日常交往中，得到他人的帮助，要始终对其付出表示感谢，让自己在洋溢着浓浓感激之情的氛围中茁壮成长。

钱向民在美国出生并长大，她的爷爷是中国著名科学家钱学森的弟弟。她在大学经济系读三年级的时候，申请到了一个名为"中国小额信贷扶贫研究"的项目奖学金，来到了云南最贫困的山区。

21岁的钱向民一到云南山区，就看到一个男孩子背着一个比他的身体大得多的玉米秆柴垛，很重，就跑过去帮他背，竟然一直背到了人家的家里。

这家姓李，有两个男孩子，一家4口人都非常欢迎她的到来，做了他们认为最好的饭菜给她吃。于是，钱向民当即决定，就住在他们家了。她住在贫苦的李姓叔叔家里，和他们一起做家务、砍草、喂猪、做农活……

这里是山区，交通不便，有一天晚上，钱向民从项目办公室回来，黑漆漆的，她有点害怕。这时他看见李叔叔正在门口等着她。得知李叔叔摸着石头走了一个多小时，还差点迷了路，她心头一热，差点流出了眼泪。

　　钱向民是个懂得感恩的人，她深深感谢李叔叔一家人对她的关爱，他们家那么困难，还省吃俭用地特意给她买了一床新被子。一个月后，为了工作她又去了另外一个村子，她尽量省钱，临走的时候，她悄悄去了趟乡里的学校，把李叔叔家两个孩子的学费交上了。

　　那天，她从别的村子回来，发现李叔叔正站在家门口等她，用满含着感激的目光就那么定睛地盯着她看，她明白是替他孩子交学费的事让他知道了……

　　在生活中，我们每个人都或多或少地会得到别人的帮助，对于别人的帮助我们应该像小钱一样用一颗感恩的心对待，并用实际行动报答他们。

　　无论何人，总会获得来自周围人的帮助和支持，无论是物质上的还是精神上的。也许给予者并不强求获得回报，但是知恩感恩能使他们觉得自己的付出是值得的。人活在世，不是为了索取和享有。我们应懂得感恩和回报，目光不要只停留在自己身上，要学会关注他人和社会。

　　洪战辉在年幼时就已承担起全家生存的重担，带着捡来的妹妹艰难求学12年。他虽然饱经沧桑，但他懂得"知恩图报"的道理。2006年，他被评为"感动中国十大人物"之一，在颁奖典礼上，他真诚地说："我只不过是记着别人对我的帮助，用一颗感恩的心去帮助更多比我更困苦之人。"他的话赢得了阵阵掌声。

　　成为公众人物后，洪战辉又将爱洒向了社会。为资助贫困学生，他在学校和政府的帮助下建立了教育助学责任基金。他还多次到贫困山区与困难学生交流，捐赠学习用品。他说："我要力所能及地帮助需要帮助的人。"

　　洪战辉得到了别人的帮助，长大了并没有忘记恩情，而是报答了曾经帮助过自己的人。

　　记住别人对自己的帮助，并想着有一天能报答，这个世界就会因一颗颗感恩的心而美好。

　　我们应从小在孩子心中撒播爱的种子，让其学会感恩。只有懂得知恩图报，孩子才会在接受别人帮助之后，乐于帮助别人。一双援助之手将感化无数心灵；请伸出你援助的双手，用一颗感恩的心去对待他人，帮助他人吧！

感激比报复更有力量

当你在生活中遇到阻碍的时候，当你在被辱骂的时候，当你在学习中被人耻笑的时候，你是会选择感激还是仇恨？可能很多人都会说"我选择仇恨"，问其原因时，这些人会回答"他欺负我，我为什么要感激他？"，其实，这种想法是不正确的。

不管别人是冷落你，不帮你或者是耻笑你，你都不应该选择仇恨，而应该选择感激。因为感激比仇恨更有力量。有这样一则寓言故事："在一个极其寒冷的冬日，有一个人穿着棉衣赶路。太阳和狂风看见后打起赌来，看谁能把穿在那人身上的棉衣先脱下来。为了把他的棉衣脱下来，风狂暴地刮起来，但却只能使那人把棉衣裹得更紧，怎么也扯不下来；太阳出来了，暖洋洋地照在他身上，那人便自动脱下了棉衣。"从这个故事中我们明白了一个道理：为人处世，用专制、强暴的手段，对解决问题往往无济于事，有时可能还适得其反，只有用宽容、感激来对待一切，才可能把事情办好。

感激比仇恨更有力量，仇恨是一种负面的情绪，这种情绪会阻碍你的理性思维，破坏你和别人之间的友好关系，而且很容易葬送你的前程。相反，感激是一种正面的情绪，拥有了它，你会感到幸福和温暖，一个心存感激的人会在生活中感受到更多的拥有。

南非黑人领袖纳尔逊·曼德拉，一生都致力于反对白人种族隔离政策的斗争，因此被白人当局者逮捕。

曼德拉被捕后，被关在荒凉的罗本岛的一个"铁皮房"内。他被迫从冰冷的海水里捞取海带，有时被解开脚镣，用尖镐和铁锹挖掘石灰石。看守他的人有3个。他们对他非常刻薄，总是寻找各种理由对他进行残酷的虐待。

在承受了长达27年的非人折磨后，1990年，曼德拉被南非政府无条件释放。当时他已是72岁两鬓斑白的老人了。

1991年，曼德拉当选为总统后，在就职典礼上，他起身致辞说，"虽然我深感荣幸能接待这么多尊贵的客人，但我最高兴的是当初看守我的3名前狱方人员也能到场。"之后，他将他们——介绍给来宾，并缓缓地向他们致敬。他的这一举动震惊了整个世界。

面对曼德拉既往不咎的博大胸襟，那3名残酷虐待了他27年的看守无地自容，也让所有到场的人肃然起敬。

事后，曼德拉对公众解释说："我年轻时性子很急，脾气暴躁，要不是在狱中学会了控制情绪，可能活不到现在。牢狱岁月使我学会了宽容地对待自己遭遇到的苦痛。宽容经常是源自痛苦与磨难的，必须以极大的毅力来训练。"

最后，曼德拉意味深长地说："当我走出囚室，迈向通往自由的大门时，我清楚地知道，如果不能把悲痛与怨恨留在身后，那么其实仍如同身在狱中。"

在日常生活中，我们不可避免地会和别人打交道，难免会和别人发生矛盾、产生争斗。如果在这个时候，双方都不能互相原谅，那么就会给自己和对方增加心理上的压力，这样不仅会影响双方的感情，而且会影响日后的正常学习和生活。相反，如果能学会感恩与宽恕，给对方一个微笑，那么很可能从此化干戈为玉帛，让自己轻松自得地生活。

假如我们受到了各种伤害，千万不要只会怨恨，关键是要学会宽容。唯有宽恕能让人的灵魂自由，并允许爱和快乐进驻内心深处。疼痛之中，不妨问一下自己："我凭什么就不可以被伤害？"而后，宽容地活着。这是我们的明智选择。少一些恨意，多一些感激，这不仅有利于化解已有的矛盾，而且有助于塑造自身良好形象，恢复和发展人际关系。

多说"谢谢"，能使人乐于帮助你

在生活中，我们经常听到诸如"谢谢你""多谢关照"之类的话。这样的话可以沟通人与人的心灵，建立融洽的人际关系，从而使交往变得更顺畅。所以，我们在得到别人哪怕是一点点的帮助后，也应真诚地说一声"谢谢"。

小石是一名初中生，一次在学习中遇到一个难题，他的同学主动过来帮助他。同学的讲解使他茅塞顿开，很快就做出了那道题。事后小石对同学表示了他的感谢，他说："我非常感谢你在那道题上给我的帮助……"

从此，他们的关系变得更近了，小石也因此在学习上不断取得新的成绩。小石很有感触地说："是一种感恩的心态改变了我。我对周围人的点滴关怀和帮助都怀有强烈的感恩之情，我竭力要回报他们。结果，我不仅生活得更加愉快，所获帮助也更多，学习也更出色了。"

感恩是认定别人帮助的价值，从而达到彼此感情交流的一种有效手段。当别人为你做了某些事情后，当别人给予你关心、安慰时，你都应该表示感谢。如果你对别人的帮助表示一下谢意，那么彼此的关系就会因此发生变化，彼此之间的距离也缩短了，感情就有了呼应和共鸣。对方在兴奋欢悦之余会给予你更多的帮助，这样，交际气氛就会更加友好和谐。

感恩犹如一项投资，拥有一颗感恩的心，你就会在生活中得到更多的回报，可以说，没有哪个人不喜欢会感恩的人。因此，一个人要想得到他人的认可与好感，就一定要怀有一颗感恩的心，随时真诚地说声"谢谢"。

梅丽大学毕业后，进入一家世界500强企业工作。在工作中，梅丽不管对上司、同事还是客户都总是报以感激之情，大家都非常喜欢她，几乎每一个和她相处过的人都成为了她的好朋友。

不仅如此，梅丽在工作中也非常努力，尽职尽责，更是得到大家的认可，来到公司不到一年的时间，梅丽就在公司全票通过晋升为部门经理。

有人很不解，就问梅丽是如何和人相处的，秘诀是什么？

梅丽微笑着说："因为我时刻怀有一颗感恩的心。在我很小的时候，我的父母就教导我：要学会感恩，对周围任何人的帮助和给予都要报以感激之情。由于他们的教导，让我拥有了一颗感恩的心。在我上学的时候，我的老师教育我如何做人，如何成为一个对社会有用的人；我和同学互帮互助，共同成长，因此我很感激他们对我的陪伴；如今我工作了，我更是带着这种感恩的心态去工作，正因如此，我发现周围的一切都非常美好，我总是工作得很开心，领导和同事也都乐意帮助我。"

听了梅丽的话，大家都明白了，她之所以这么快地得到晋升，之所以能够和周围的人保持融洽的关系就在于她始终有着一颗感恩的心，对周围的一切都报以感激之情。

在人与人之间的交往中，多一些感谢，就多一份爱心，多一份温馨。人与人之间的关系会在相互的感激中更加亲密。所以我们要学会感激，感激一切使自己成长的人或事。

对中小学生的感恩教育要从细节入手，要融入日常生活中。在生活中，家长和孩子间要多用"谢谢"这样的文明语言。家长要通过言传身教，使之耳濡目染，并内化于人格之中。要利用一切可以利用的契机对孩子进行教育，如：告诉他这本书是妈妈给你的，你要感谢妈妈；这些衣服是阿姨送你的，你要谢谢阿姨。时时言感谢，事事存感恩。家长在日常生活中表现出来的这种态度和行为，对孩子会起到潜移默化的作用。

学会表达对周围人的谢意，并用良好的心态回报他们，这样就能得到更多的信任、支持和帮助，这是对自己大有益处的事，何乐而不为呢？所以生活中，我们要常说"谢谢"。

第二章

感恩生命，用心过好每一天

生命是美好的，我们应感恩自己生命里的每一天。感恩生命需要我们活在当下，放下过去的烦恼，舍弃未来的忧思，全身心投入眼前的这一刻。如果将力气全耗费在已逝的过去、未知的未来，永远也不会得到幸福。感激今天，珍惜眼前的幸福，你会发现生命的别样意义。

活在当下，珍惜眼前的幸福

现在有一个比较流行的说法叫"活在当下"。什么是活在当下？吃饭的时候就吃饭，睡觉的时候就睡觉，这就叫活在当下。放下过去的烦恼，舍弃未来的忧思，全身心投入眼前这一刻，才是生活的智慧。

有人可能会说："这很容易呀，我不是一直都在活着吗？"这话是不错，问题是，你是"活在当下"，还是"心不在焉"，想着明天、明年甚至后半生的事。假若你时时刻刻都将力气耗费在已逝的过去、未知的未来，却对眼前的一切视若无睹，你永远也不会得到幸福。活着的人，有活在过去的，有活在未来的，但能真正地活在当下的，非常少。

其实每个年龄段都是最好的。但在现实生活中，我们常常认为自己所处的年龄是最糟的。史威福说："没有人活在现在，大家都活着为其他时间做准备。要么是回忆过去的美好时光，要么为了将来苦思冥想、疲于奔命，独独忘了要珍惜现在，活在现在。"

电视节目主持人曾拿这个问题问了很多的人：多少岁是生命中最好的年龄呢？

一个小女孩说："两个月，因为你会被抱着，你会得到很多的爱与照顾。"

另一个小孩回答："3岁，因为不用去上学。你可以做几乎所有想做的事，也可以不停地玩耍。"

一个稍大的女孩说："16岁，因为可以穿耳洞。"

一个少年说："18岁，因为你高中毕业了，你可以开车去任何想去的地方。"

一个男人回答说："25岁，因为这时候精力充沛。"这个男人此时45岁。他说自己现在越来越没有体力走上坡路了。他20岁时，通常深夜才上床睡觉，但现在晚上9点一到便昏昏欲睡了。

一位女士回答说："50岁，因为你已经尽完了抚养子女的义务，可以享受天伦之乐了。"

一个男人说："60岁，因为可以开始享受退休生活。"

最后一位被访问者是一位老太太，她说："每个年龄都是最好的，享受你现在的年龄吧。"

没错，只有你现在的年龄是最好的，不要回避今天的真实与琐碎。走好脚下的路，唱出心底的歌。每一天都向人们敞开心扉，让微笑回归你疲惫的面容，让欢乐成为今天的中心。要以感恩的心态面对生命，也只有这样，我们才有可能真正活在现在。

活在当下，过好此刻，才是对生命最好的感恩，才能赢得幸福。不必让未来很幸福，让当下很幸福，就足够。把握眼前的幸福，是"活在当下"的一条注释。珍惜眼前，不要因为担忧明天或是沉湎过去而白白浪费了一个又一个大好的今天。

有位老人的丈夫年轻时因外遇离家，留下她一个人艰难地抚养子女。现在，她的丈夫贫病交迫，却被赶了回来，她不忍心看他流离失所，就把丈夫带回了家，并且为他看病治疗，没想到丈夫竟然打她！

于是，这位老人找到禅师诉苦说："我是个顺从传统观念的人，无论如何，我就是不愿意离婚。"她边说边掉下了眼泪。之后，老人问禅师："我应该怎么办才好？"

禅师明白老人最大的痛苦是舍不下丈夫，却又咽不下心中的怨气。禅师微笑着说："像您这样七十多岁的老人家，却依然耳聪目明、身体硬朗，真好；至今还对先生不离不弃，真好；你的孩子也都栽培得很不错，真好。你这一生很值得啊，就你的人生而言，没有比此刻更好的！"

说到此时，禅师开导老人："如同现在，没有任何时刻比这一刻更好！"老人听完后，会心地笑了，静静地记下这段话。

当老伴一掌挥来，她想着："没有任何时刻比这一刻更好！"之后她果然感觉好多了，也不那么气恼了，因为就人生而言没有比当下更好的。

老人的诚心终于感动了她的丈夫。一天，老先生走到她面前哭着忏悔说："我对不起你！"

老人轻声说："我原谅你，因为我的禅师告诉我，就人生而言没有比此刻更好的。"

两位老人家相拥而泣，愿意让彼此回到当下，重新过日子。

幸福没有明天，也没有昨天，它只有现在。活在当下意味着无忧无悔。对未来会发生什么不去作无谓的想象与担心，所以无忧；对过去已发生的事也不作无谓的思虑与计较，所以无悔。人能无忧无悔地活在当下，珍惜眼前的真实拥有，就能获得幸福。

珍惜眼前，不要让我们的幸福悄悄溜走，点点滴滴的小事也是我们需要珍惜的：家人的呵护，朋友的帮助，风景的悦目……这一切都是值得我们感激的。活在当下，珍惜眼前的幸福，带着感恩之心前行，你会发现，生活原本是美好的。

当下的念头即是未来，即是梦想

对于过去，我们不要过多地回忆，因为回忆有时会带来伤感，回忆太多会消磨人的意志。对于未来，不要有太多想象，不要总是沉浸于未来，或者是活在虚无缥缈的幻想中，或者因为背负着未来沉重的压力，会使现在活的不像现在。

我们每个人的内心深处都有很多目标、很多梦想，我们希望自己成绩好，受老师喜欢……其实，目标和理想只是用来激励自己的，而许多人却让它们成了痛苦的根源。如果不是根据自己及环境的实际情形去想象未来，而是在作一种纯粹由心所生的空想，想象自己"如果是那个样子"该多好，或者"如果不是那个样子就糟了"，这样就容易产生偏执，忧愁烦恼也会由此而生。

一座寺庙里有个小和尚，他每天负责清扫院子里的落叶。扫落叶实在是一件苦差事，尤其在秋冬之际，每一次起风时，树叶总是随风飞舞落下，到处都是。小和尚每天早上都需要花费许多时间才能清扫完树叶，这让小和尚非常头痛。他一直要找个好办法让自己轻松些。

后来有个和尚给他出主意说："你在明天打扫之前先用力摇树，把落叶统统摇下来，一次扫净，后天就可以不用扫落叶了。"小和尚觉得这是个好主意，于是他第二天起了个大早，猛力地摇晃树，然后他把今天跟明天的落叶一次扫干净了。一整天小和尚都非常开心。

第二天，小和尚到院子里一看，他不禁傻眼了。院子里如往日一样落叶满地……

这时，老和尚走了过来，对小和尚说："傻孩子，无论你今天怎么用力摇树，明天的落叶还是会飘下来。"小和尚终于明白了，世上有很多事是无法提前的，唯有认真地活在当下，才是最真实的人生态度。

许多人喜欢预支明天的烦恼，想要早一步解决掉明天的烦恼。其实明天的烦恼，你今天是无法一下子解决的，每一天都有每一天的事情要做，全力以赴地做好今天的事情就行了。

在当下的每一秒钟，我们都在抉择，都在造就我们的未来。其实未来不在远方，也不在梦里，就在我们身边，在我们每一天的坚实努力中。如果我们想为明天作最佳准备，就要将自己所有的能力、热情，积极地投入在今天该做的事务中。这是我们唯一能为未来作的准备工作。这也是开创未来的关键。

在美国新泽西州的一所学校里，有26个"坏孩子"被安排在教学楼里最昏暗的一间教室，他们中有人吸过毒、有人进过管教所。家长拿他们没办法，学校和老师也几乎放弃了他们。

在一个新学期，一位名叫菲拉的女教师接手了这个班。她一进来就整顿纪律，而是先让他们做了一道选择题。她说以下三个人中，有一位将来会成为众人敬仰的伟人，你们认为会是谁？

这三个候选人分别是：

A. 笃信巫医，有两个情妇，有多年的吸烟史，而且嗜酒如命。

B. 曾经两次被赶出办公室，每天要到中午才起床，每晚都要喝大约一公升的白兰地，并且有过吸食鸦片的纪录。

C. 曾是国家的战斗英雄，不吸烟，偶尔喝一点啤酒，年轻时从未做过违法的事。

毫无疑问，大家都选择了C。

而之后菲拉公布的答案却让大家吃了一惊：A是富兰克林·罗斯福，担任过四届美国总统；B是温斯顿·丘吉尔，英国历史上最著名的首相；C是阿道夫·希特勒，罪孽深重的法西斯恶魔。

学生们都呆呆地看着菲拉老师，简直不相信自己的耳朵。

菲拉告诉孩子们："伟人也会有过错。你们的人生才刚刚开始，过去怎样都不重要，真正重要的是现在的所作所为……"

菲拉的这番话，改变了26个孩子一生的命运。

这些孩子长大成人后，他们中有的做了法官、有的做了飞行员、有的做了心理医生。这连当年表现最差的学生哈里森，后来也成了优秀的基金经理人。

"原来我们都觉得自己是无可救药的，是菲拉老师第一次让我们意识到：过去有任何过失都不要紧，重要的是我们还有可以把握的现在和将来。"孩子们长大后这样说。

有智慧的人，会在今天开始计划未来，并不妄求未来。人如果能根据自己及环境目前的情形作分析及整理，并对未来种种作出预测及计划，这正是"活在当下"的体现。活在当下是一种全身心地投入人生的生活方式。当你活在当下，既没有过去将你往后拖，也没有未来拉着你往前时，你全部的能量都集中在这一时刻，生命会因此大不同。

过去已成历史，未来尚不可知，只有"当下"才是上天赐予我们最好的礼物。当下能决定我们未来将会成为一个什么样的人。所以，感激珍惜当下吧！

别让昨日的错误成为明天的包袱

有句很经典的话："你的故事也许没有一个美好的开始，但这无关紧要；重要的是你现在开始选择去做什么样的人。"对无法挽回的过去耿耿于怀、懊悔悲伤是徒劳无益的。面对现实要向前看。过去的种种遗憾大都会在我们的心理上投下阴影，有时我们甚至会因此而备受折磨。究其原因，就是我们没有调整心态去面对过去，只沉湎于已不存在的东西，而没有想到去创造新的东西。我们常说："旧的不去新的不来。"事实正是如此，与其为失去的懊悔，不如振作起来，心怀感恩，去赢得新的机遇。

既然那些不幸已经发生，已经发生的事情无法改变，为什么不怀着一颗感恩的心豁达地对待呢？与其对过去的失误和伤痛耿耿于怀，不如静下心来总结昨天的失误。因为遗憾也好，悔恨也罢，都不能改变过去。如果总是背着沉重的包袱，那只会白白耗费眼前的大好时光，那也就等于放弃了现在和未来。忘记过去，拥抱现在，迎接未来，才能展现我们生命中向上的力量，我们也才能从中感受到前进的快乐。

莱妮丽劳斯塔尔是一位充满传奇色彩的女性，曾被美国《时代周刊》

评为20世纪最有影响力的艺术家。莱妮丽劳斯塔尔以前半生失足、后半生瑰丽的传奇经历告诉人们：成功没有时间限制，只要时刻保持自信和奋斗的雄心，就终能采摘到生命的硕果。

莱妮丽劳斯塔尔20岁那年，因为容貌出众、演技出色，她被当时的纳粹头目相中，成为战争中专用的宣传工具。德国战败后，她因此"罪行"被判入狱4年。刑满释放之后，她想重回演艺圈。然而，尽管她才华横溢、演技出众，但由于历史上的污点，主流电影媒体对她冷眼旁观、不敢起用，大好的金色年华就这样付之东流水。一晃十几年过去，她始终摆脱不了"刑满释放囚犯"的阴影，没人敢起用她，没人敢收容她，甚至，没人敢娶她，年近半百，她依然独来独往、形单影只。

她的50岁生日就这样凄然地来到了。那一天，她大醉了一场，醒来之后，突然作出了一个谁也意想不到的决定：只身深入非洲原始部落，采写、拍摄独家新闻。这之后的两年，她克服重重困难，顶住心理、生理上的巨大压力，拍摄了大量努巴人生活的影集，这些照片，一举奠定了她在国内摄影界的地位。

在68岁那年，她开始学习潜水，为的是使自己的拍摄才华与神秘的海底世界融为一体。之后，她的作品增添了一抹瑰丽多彩的海洋色彩，这段海底拍摄生涯一直延伸到她百岁高龄。最后，她的一部长45分钟的精美短片《水下世界》成为了纪录电影的一个里程碑，也为自己的艺术生命画上了一个圆满的句号。

谁也不想让痛苦和不幸的事发生在自己身上，但一旦种种灾难降临，我们就应该坦然面对，尽力做完当天该做的事，振作起精神迎接明天。莎士比亚说得好："明智的人不会坐在那里为损失而悲伤，却会很高兴地去弥补自己的伤痕。"面对各种过失，我们应尽力弥补，而不是诅咒和逃避。如果一个人因为在过去摔过跤、受过挫折，便永远背着沉重的包袱，那么他就会在沉痛悔恨中失去未来。而如果能爬起来，继续前行，肯定会大有收获的。

过去会随着时光的流逝而成为历史，而未来是一段崭新的历程。要想成为一个快乐的人，最重要的一点就是学会将过去的错误、失误通通忘记，不要沉湎其中。忘记曾经的不幸，以感恩的心态去专注于你的现在和未来，你的人生之旅肯定会风光无限。

把握现在，活在今天的方格中

不要为已经失去的再难过，因为那已无可挽回，而应该忘却它，对现实心怀感激。大科学家爱因斯坦曾经说过："我从不去想未来，因为它来得太快了。"懂得感恩的人，不会太多地停留在昨天，也不会太多地幻想明天，而是牢牢地把握住今天。因为他懂得生命不因为回忆而增加长度，生命也不因为人的幻想而增加厚度。所以，对于来去匆匆的人生，我们要有一个坚实的信念：把握现在，活在今天。

1871年的春天，威廉·奥斯勒爵士正在医学院读书，他不知道未来何去何从，及如何生存、发展。后来的一天，书上的一句话让他眼前一亮："最重要的，就是不要去看远方模糊的，而要做手边最具体的事情。"他这才恍然大悟：是啊，不论多么远大的理想，都需要一步步实现啊；不论多么浩大的工程，都需要一砖一瓦垒起来啊。

也就是从那一天开始，奥斯勒开始埋头读书，两年以后，他以全校最优异的成绩毕业。毕业后他来到一家医院做医生。他认真对待每一位患者，对每一次出诊都一丝不苟。兢兢业业的态度和精益求精的精神，使他很快成了当地的名医。几年以后，他创办了约翰·霍普金斯医学院。

他把自己的人生态度贯彻到每一个细节里。许多专家学者慕名来到他的医学院工作，使他的医学院很快成为英国乃至世界最知名的医学院。奥斯勒总是告诉他身边的人：最重要的是把你手边的事情做好，这就足够了。

生活中，今天最有潜力，最有价值。只有今天，才能揭示人生的意义，只有今天，才能描绘理想的"明天画卷"。努力请从今日始，不要只寄希望于

"明天"。皮鲁克斯说："最好不是在夕阳西下的时候幻想什么，而是在旭日初升的时候即投入工作。"这是有所作为的重要条件。

不能活在今天的人，不但一无所获，对自己也是一种折磨。在现代生活中，存在着一种惊人的事实，证明了现代生活的一种错误。在美国，医院里半数以上的病床都被精神病人占据着，而这些人大多是因为不堪忍受生活的重负而精神崩溃的。正是由于他们不懂得"人只能活在今天的方格里"，所以才如此得哀伤、抑郁。

著名人际关系大师卡耐基在教导人们如何克服忧虑时，非常强调一个关键：活在今天的方格中。意思是，不要烦恼过去，不要忧虑未来。卡耐基曾经遭受过极严重的贫困和疾病。人们问他是如何度过那些难关的，他总是这样笑着回答："我既然已度过昨日，就能熬过今天。我不允许自己去猜想明天将发生什么事。"为了说明这一点，卡耐基举了这样一个例子：

在一艘轮船上，所有的船舱之间完全可以彼此隔绝。轮船起航时，船长会按下一个按钮，关闭所有舱门，让所有船舱成为独立的防水舱。之所以这样做，是因为万一船只在航行中发生意外，或遭逢暴风雨，导致某个舱门毁损进水，也不至于马上危及整条船。如果我们懂得："人只能生存在独立的船舱里"就能成为一个快乐的人，从而满意地生活着。

生而为人，我们的构造要比轮船精密复杂得多，而且有更远的旅程要走。为了确保人生之旅的平安顺遂，我们应该学会紧紧关上"舱门"，让每一天都成为一个独立的方格。将昨天的晦涩、明天的妄想，都统统挡在门外，不让它们渗透进来。

从现在开始，不要活在明天，如果我们一味等待明日，不好好珍惜把握当下，那么一日日，一年年，流逝的终将是悔恨和痛苦。所以，从现在开始，行动起来，也许你眼下做的事情微不足道，可是如果用心去做了，那么即使是最简单的事情也会变得富有意义。

我们不能控制事情，但是我们可以掌握自己；我们无法预知未来，但是我们可以把握现在；我们左右不了变化无常的天气，但是我们可以调整心情；我们不知道自己的生命到底有多长，但是我们可以活在当下，心怀感恩。只有这样，我们才能平安稳妥地驾驭好自己的人生。

第二章

感恩父母，奉献自己的爱心

感谢母亲，给了我们生命和关爱。感谢父亲，给了我们严肃而慈祥的父爱，给予我们未来。我们应从孝顺父母开始，学会感恩。让我们为父母洗一次脚，为他们捶一捶背，给他们一个暖暖的拥抱，一句温馨的祝福吧！感恩父母，从小事做起，会赢得父母的无限感动。

感谢母亲，给予我们生命

我们之所以能生存在这个世界上，是因为母亲给了我们生命。是母亲让我们有呼吸新鲜空气的机会，让我们有机会观赏风景，让我们有机会去玩去爱……感恩母亲，给予我们宝贵的生命！

我们的生命源于母亲的苦痛。每当你快快乐乐过着自己生日的时候，你可知道，孩子的生日，就是妈妈的"受难日"。妈妈就是在若干年前的今天，忍受着巨大的痛苦把你带到这个世界上，所以，你要感谢妈妈。要鼓起勇气说："妈妈，今天是我的生日，感谢您给予我生命。"

既然我们的生命来之不易，就应该好好珍惜，有什么理由轻易放弃呢？无论发生任何事，都没有放弃生命的权利！

曾写过《面朝大海，春暖花开》的诗人"海子"——查海生，在自己25岁生日的时候，躺在山海关的铁轨上，让身体被呼啸而来的火车碾压，以这种方式结束了自己短暂的生命。

这让很多人觉得非常痛苦，但是其实最痛苦的是他的母亲。当海子的骨灰被人送到他母亲面前后，他母亲每天都不停地哭泣，以至哭瞎了自己的双眼。

其实，海子曾经是一个很优秀的孩子，在他十五岁的时候，就顺利地考上了北京大学。当时他的母亲是那么高兴，那么兴奋。

几年后，海子毕业了，在北京成为了一名诗人。母亲生平第一次去看他，在母亲的包里，装着满满的鸡蛋，整整五十个，那是她自己养的鸡下的蛋。一路上她都把这个布包搂在怀里，她想让儿子吃上这些鸡蛋，她相信儿子每吃下一个鸡蛋，他苍白的脸色就会多一丝红润。

在母亲走的时候，穷困的海子向人借了三百块钱塞到母亲的包里，母亲收下了，因为这是儿子对自己的爱，后来，她总将这三百块钱揣在怀里，她说，等她去世之后，用儿子的三百块钱送自己上路就足够了……

在海子自杀后，很多人都在为一颗诗坛新星陨落而惋惜，然而，对众多人来说，少一个诗人也许没有什么，但是对于一个母亲来说，失去自己的孩子却是一种锥心般的疼痛。海子没有选择将疼痛写进自己的诗里，而是将它嵌进了母亲的心里，这是何等残忍的事情。

人生中困顿挫折在所难免，绝不可以因之随便结束自己的生命。要知道你的生命不是属于你一个人的，一旦失去，痛苦的不是你，而是你身边的每一个关心你的人，最痛苦的应该是你的母亲。也许你现在很落魄，也许你现在很痛苦，也许你现在很伤心，但是不要因此选择放弃生命。好好活着，就是对母亲的爱，延续健康美好的生命，就足以让母亲觉得幸福。

　　有一个小女孩先天性失语，她爸爸很早就去世了，她一直和妈妈相依为命。为了生存，她的妈妈每天早出晚归。每天黄昏，小女孩都会站在门口，充满期待地望着门前的那条路，等待着妈妈回家，因为妈妈每天都会给她带回一块年糕。

　　一天，下着大雨，小女孩没等到妈妈。天越来越黑；雨越下越大。小女孩于是就顺着妈妈每天回家的路寻找。走了很远，小女孩终于看到妈妈独自一个人躺在路边。小女孩跑过去使劲摇晃她，可是妈妈却没有回答，就在这时，她看到妈妈的眼睛没有闭上，小女孩明白了：妈妈已经死了……

她拼命地哭着，却发不出一点声音。她明白妈妈之所以没有闭上眼睛是因为她担心自己一个人不能够生存。于是，小女孩擦干了眼泪，决心用自己的语言告诉妈妈她一定会好好地活着，让妈妈可以放心地走……

小女孩在雨中一遍一遍地用手语比划着《感恩的心》，泪水和雨水混在了一起，从她坚强的脸上划过……

"我来自偶然，像一颗尘土……感恩的心，感谢有你，伴我一生，让我有勇气做我自己……感恩的心，感谢命运，花开花落，我依然会珍惜……"就这样，小女孩在雨中不停地做着手势，直到妈妈的眼睛终于闭上……

在看到生命转瞬即逝的时候，我们会突然觉得能健康地活着是多么幸福的事情啊！自己曾经的抱怨、愤怒，在那一刻全部消失，留下来的只是感恩，感谢自己还活着，感谢母亲给予我们生命。

母亲深爱我们，愿意为我们付出所有，这些只有用心才能体会。或许报答母亲的方式有无数种，可是从她的眼神里，言语间，期待中……我们知道"好好活着"才是她们最想要的答案。我们健康快乐地活着，就是对她们最好的报答！

"好好活着！"——这就是对母亲最好的感恩。

感谢母亲，给我们无微不至的关爱

感恩母亲，无私地关爱我们，含辛茹苦地把我们养育成人。在我们成长的过程中，母亲给予我们无微不至的关爱，我们沐浴着母爱的阳光吮吸着母爱的琼浆在茁壮成长。

　　当我们来到这世上，便开始吮吸着妈妈甘甜的乳汁，享受着妈妈对我们无微不至的呵护和疼爱。我们在妈妈永不停息的关爱下渐渐长大：开始牙牙学语，开始蹒跚学步，开始学写字，开始学朗读，开始明白很多事理……我们的成长离不开妈妈的关爱。我们的母亲，值得我们用一生去感恩、去报答。

　　在汶川地震中，不知道有多少母亲为了救助自己的孩子而失去了生命，那一组组的镜头让我们们一次次感叹母亲的伟大：

　　有一位母亲，抢救人员看到她的时候，她已经被垮塌下来的房子压死了，但是她仍是双膝跪地，整个上身向前弓着，用自己的双手支撑着身体：在她的身子下面藏着她才三个月大的孩子！我们不知道，这位母亲用何种力量支撑起了比自身重数倍的水泥板，唯一懂得的就是，巨大的母爱让她为孩子撑起了一片天。

　　母亲，给予我们的是最无私，最纯洁的爱。当你遇到艰难险阻时，是母亲为你阻挡风雨；当你伤心哭泣时，母亲会亲切地安慰开导；当你因为一些或大或小的事情对她大发脾气的时候，母亲在默默地承受着；而当你遇到危险的时候，母亲却不顾一切地救助你，即使失去生命她也毫无怨言……

　　母亲会用自己一生的爱呵护我们，当我们遇到困难、受到挫折的时候，第一个想到的母亲。而当有一天母亲年老体弱不能再为我们付出的时候，有些人就开始埋怨自己的母亲，觉得亲是个累赘，这样的人实在是令人愤恨。

　　很久以前，有一位年迈的老婆婆，由于体弱多病，不仅不能干活，连最基本的自理都成为一个大问题，他的儿子见自己的母亲每天白吃白喝，还要自己伺候，简直就是一个累赘，于是他产生了一个念头，那就是把母亲抛弃到深山里去。

　　第二天一大早，儿子就背着自己年迈的母亲往深山走去。一路上，儿子和母亲一句话都没有说，他听到母亲在一路上不断地折断树枝。儿子心想：这老太婆一定知道我是要抛弃她，所以专门沿途做了记号，以便自己能够认路下山。儿子不以为然，他继续背着母亲往更深的山里走，到了中午的时候，终于找到了深山里头一处没有人烟的地方，于是他将母亲放了下来，然后绝情地对母亲说："我们就在此分别吧，希望你自己照顾好自己。"说完，转身准备离开。

这时候，母亲叫住儿子说："上山的时候，我沿途折断了很多树枝给你做记号，你回去的时候只要沿着这些记号走，就不会迷路了。母亲不在你的身边，你好好照顾你自己。"

听了母亲的话，儿子愣在了那里，许久他都没有说话，他跪在母亲面前，留下了忏悔的泪水……

即使在被自己儿子抛弃自己的时候，这位伟大的母亲还在考虑孩子是不是可以安全返回，这让我们感慨万千。

不管是哪位母亲，对儿女的爱都是无私的、不求任何回报；母亲对我们的养育是尽心尽力、不惜任何代价的。自从我们降临到这个世界，母亲就开始为我们操劳付出。她为了我的茁壮成长，不知道花费了多少时间、付出了多少心血，无论春夏秋冬、无论白天黑夜、无论条件好坏、无论困难多大，她们都义无反顾地养育我们。在她们的无尽付出中，我们一天天长大了，她们却一天天变老了，有了一丝丝的白发，一条条的皱纹。因此，我们要感谢母亲的养育之恩。没有她们，就没有我们的一切。

永远感谢你，亲爱的母亲。让我们一起感恩，将心灵深处最纯洁的爱送给伟大的母亲吧！让我们对着母亲大喊一声："谢谢您，妈妈！您辛苦了，我一定会用最好的成绩来回报您！"

感谢父亲，为我们引领人生航向

母爱伟大，父爱亦然，父亲给予我们的是他人所不能及的无私的爱。在父亲手把手的教导下，我们逐步学会了爬走跑跳，学会了读书识字；在他们的言传身教中，我们逐步明白和懂得了关心、体贴、爱护和尊重。父亲是一棵枝繁叶茂的大树，为我们遮风挡雨。父亲的爱是一盏灯，使我们即使濒临黑暗与灭亡也能看见光明的道路；父爱是一缕阳光，使我们即使在寒冷的冬天里也能感觉到春天般的温暖。

父亲是我们的靠山，是我们登天的梯，是那拉车的牛。为了家庭，他们奔波忙碌，总是不求回报地付出。我们又怎能不发自内心地感谢父亲呢？田广俊在父亲节那天激动地说："我今天在博客中写了一篇《感谢您，父亲》，只想真诚地表述自己对父亲的感激。"他说："在学朱自清的《背影》时，还没体会到这篇文章的真情，如今长大了，当我再次翻阅这篇文章时，才感觉到父爱原来是那样值得回忆，父亲是那样的伟大。"

在我们儿时的记忆里，父亲是一个威严的象征，他们总是不苟言笑，态度严厉，每个眼神都让我们害怕。可是我们不明白，有一种爱总是隐藏在父亲那冷峻的面孔和严厉的目光下，总是埋藏在父亲的心里。父爱无声，只有用心的人才能体会。

世界第四大男高音歌唱家安德烈·波切利，从小就对音乐非常敏感。7岁开始学钢琴，随后又学长笛、萨克管。波切利自小是一个弱视儿童，12岁那年，一次踢足球的意外使他双眼全盲。他整天闷闷不乐，到最后，甚至用绝食来抗议命运对他的不公……

他声嘶力竭的咆哮："……这一生，我除了在黑暗中无声无息地死去，还能做什么？我这样活着又有什么意义？"这时，寡言少语的父亲拍了拍他的肩膀，附在他耳边说了一句悄悄话，波切利的泪水竟然戛然而止。

第二天，波切利第一次摸索着来到了波洛尼亚盲人学校，靠"点字乐谱"学习音乐。他学习非常勤奋，最终以优异的成绩考取了比萨大学法律系。在大学的四年里，他一边学法律，一边勤练吹拉弹唱，并在课余到一家酒吧兼职弹琴唱歌，自己挣钱交学费。

30岁那年，他幸运地成了世界著名音乐大师弗兰科·科瑞利的学生。之后，他在获得"圣莫雷音乐节最佳新人奖"后，各种世界级音乐奖都朝他砸来，现在，他是卢卡博凯里尼音乐学院的院长，同时还拥有自己的制作公司。

2007年秋天，在他的49岁生日宴会上，波切利大声说："我要感谢我的父亲！他的耳语改变了我的人生——37年前是他凑在我耳边说：'小家伙，别气馁！虽然，你看不见你眼前的世界，但是你可以让这个世界看见你！'后来，我有过多少次责怨、气馁和胆怯，这句话就在我耳边回响了多少次……"

我们应该用一颗赤诚的心感谢父亲，是他们赐予了我们生命，让我们看到了世界的美好。我们要感谢他们，是他们一直用温暖的羽翼保护着我们。我们要感谢他们，是他们一直赐予我们力量与勇气，是他们一次次在十字路口为我们指前进的方向，让我们有勇气去做自己。

感谢父亲，给了我们即严肃又慈祥的父爱。当我们身陷困境时，父亲为我们顶起一片天空，抵挡所有风雨；当我们迷惘失落时，他耐心地开导、教育我们；当我们因学习而疲劳、心烦时，他会送上一杯热茶，不需任何语言，一切感情尽在不言中……

父爱重如山。他给予我们生命，又给予我们未来，我们应该感谢父亲！

感恩父母，从点滴小事做起

学会感恩，要从感谢父母开始。数十年如一日，父母含辛茹苦，毫无怨言地抚养我们长大。在我们成长的路途中，每一步都饱含着父母的辛劳。小的时候，我们总把这当作理所当然，因为我们不了解，也不知道父母的辛苦。现在，我们长大了，懂得了应该怀着感恩之心去体谅父母，孝敬父母。

在《黄香温席》的故事中，黄香夏天为父亲摇扇驱蚊，冬天为父亲以身暖被，他的行为让我们深受感动，使他们懂得了感恩父母要从生活中的小事做起。其实，父母并不求我们在物质上给予他们多大的满足，只要爸爸回家后，主动为他送上一杯热茶，递上一双拖鞋；饭后帮妈妈洗洗碗，扫扫地、擦擦桌；在他们失落时主动去安慰，在他们生日时送上一声祝福……这些对我们来说微不足道的小事也足以让父母倍感欣慰，从他们满足的笑容里我们就会体会到给予的快乐。有这样一个感恩父母的小故事：

　　一天清晨，晓凡正在一家快餐店吃早餐，他看见旁边的桌子上有三个孩子趴在餐桌上写着什么。于是他便问其中最大的一个小孩："你在做什么啊，小朋友？"

　　她抬头看了晓凡一眼后，说："我们正在写感谢信。"

　　三个小孩一大早在这儿写感谢信，晓凡感到非常疑惑。于是他继续问："写给谁的？"

　　"给父母。"孩子立刻回答说。

　　"为什么要写给父母？"晓凡好奇地问。

　　"我们每天都写啊，这是我们每日必做的功课。"孩子回答说。

　　晓凡充满好奇地凑过去看了一眼他们手下的纸张。只见其中最大的那个孩子写了七八行字，老二写了五六行字，老三只写了两三行字。当晓凡仔细地看着内容时，才发现里面都是些诸如"感谢妈妈，您做的包子真香。""爸爸给我买的玩具真好！""妈妈昨天讲的故事真好听！"之类的一些非常简单的话。

　　上例中的孩子们其实不是在专门感谢父母帮了多大的忙，而是在记录自己幼小心灵中所感受到的种种点滴幸福。对于他们来说，并不知道什么是大恩大德，他们只知道对父母为自己做的任何事都心存感激。他们把感恩当成一种生活态度，对很多常人认为理所当然的事情，都会怀有一颗感恩的心。

　　我们的确应对父母心怀感恩，父母为我们的付出是巨大的，我们应当怎样回报他们呢？

　　初中学生与父母相处十几年，感动的事情有很多。在"感恩父母"的主题课上，学生们争相述说父母对自己的关爱。"我发高烧的时候，妈妈整夜守着我，急得都哭了。""我爬山的时候，不小心磕破了头，流了很多血，爸爸妈妈求医生一定要救救我。""上小学的时候，我成绩不好，妈妈总是陪我一起看书写字，每天都很累。"……

　　对于如何报答父母的恩情，不少学生表示长大后要给父母买大房子、买轿车，而不屑于一些日常琐事。不少学生认为帮父母倒杯水、打扫卫生等事情太小了，不值一做，他们表示长大后要做大事来报答父母的养育之恩。

　　从中，我们能深刻地感受到孩子对父母的一片孝心，但也觉得存在着一个误区。其实关爱父母不能只停留在口头，更不能等以后，应该用实际行动来表示，从小事做起，学会感恩，学会回报。其实从小处感恩更容易打动父母。我们应逐渐认识到，其实多跟父母聊聊天，常回家看看，或者多往家里打打电话，再加上出色的表现就是对父母最好的感恩。

　　让我们从今天开始，从小事做起，学会感恩父母吧！我们可以把作业写得工工整整，可以画一幅感恩父母的画，可以送给父母一个自己亲手制作的工艺品……这都会令父母高兴的。同学们，既然感恩父母如此容易，我们为什么不去做呢？让我们记住父母的生日，为父母洗一次脚，为他们捶一捶背，给他们一个暖暖的拥抱，一句温馨的祝福，一个感恩的笑容吧！虽然我们的举动是小小的，但是却有着深深的心意。父母从我们的一言一行中，会渐渐感受到我们的成长变化：知道我们懂得感恩了，他们会非常高兴。

　　感恩父母，从小事做起，从细节做起，会赢得父母的无限感动。

第四章

感恩周围的人，帮助我们不断成长

感谢老师，教给我们知识，为我们指引方向，让我们自信自强；感谢同学，给予我们信任和帮助；感谢朋友，给予我们真诚无私的友情；感谢对手，激发出了我们的潜能。感恩周围的每一个人，是他们帮助我们不断成长。感恩所有的人，才会在人生路上走得更加顺畅。

感谢老师，用爱托起明天的太阳

在我们成长的道路上，离不开老师的关爱和教导，老师是最值得感激的人之一。鲁迅感激藤野先生，巍巍不能忘怀蔡芸芝先生，达·芬奇更加感谢教他画蛋技巧的弗罗基俄。三毛感激数学老师，三毛说："我的数学老师是改变我命运的人，我十分的感激他，要不是当年他的体罚，我不会走上今天的路。"

我们的确应感谢老师，感谢老师，给我们前进的动力；感谢老师，给我们飞翔的翅膀；感谢老师，使我们从一无所知变得学有所长，因为他们，我们开始学会追求自己的梦想。是他们给我们指引航向，是他们带领我们走向成功。

周迅坦言，自己18岁之前不知道想要什么，那时候她每天在浙江艺术学校里唱歌跳舞，偶尔有导演找她拍拍戏。后来的某一天，她的老师找她谈了一次话，彻底改变了她的生活。

那是1993年的一天，周迅的专业课老师赵老师找她谈话："周迅，你能告诉我，你对于未来的打算吗？"

周迅一下愣在了哪里，她不知道该怎么回答这个问题。

老师继续问："你对你现在的生活满意吗？"周迅摇了摇头。

老师说："不满意就好，不满意说明你还有希望。你现在想想，你十年之后会是什么样？"

老师的话引发了周迅的思考。她开始在脑海里思索自己的未来，沉默许久，周迅看着老师的眼睛，坚定地说："我希望十年后的自己能成为最好的女演员，同时可以发行一张属于自己的音乐专辑。"

老师接着对周迅说："好的，既然你确定了，那么我们就把这个目标倒着算回来。十年之后，也就是你28岁的时候，你是一个红透半边天的大明星，并且出了一张专辑。"

"那么你27岁的时候，除了接拍各种名导演的戏之外，一定还要有一个完整的音乐作品，可以拿给很多很多的唱片公司听，对不对？"

"再往前走，你25岁的时候在演艺事业上就要不断进行学习和思考，另外在音乐方面一定要有很棒的作品开始录音了。"

"23岁的时候你必须接受各种培训和训练，包括音乐和形体上的。"

"20岁的时候你就要开始作曲，作词。在演戏方面就要接拍大一点的角色了。"

老师继续说："周迅，你是一颗好苗子，但是你对人生缺少规划，我希望你能时刻想想十年之后的自己，到底要过什么样的生活，到底要实现什么样的目标、如果你确定了目标，那么希望你从现在就开始做起。"

听了老师的话，周迅意识到原来要实现梦想就应该马上开始着手准备。此后，周迅开始努力奋斗，她时刻把老师的话记在心里，毕业后先后拍了《那时花开》《大明宫词》《橘子红了》等被大家所接受的电视剧，并且在十年后的2003年，拥有了属于她自己的专辑——《夏天》。

成名后的周迅感慨地说，"如果没有老师当年的鼓励，可能就没有今天的周迅。"

在成长的道路上，奋进的过程中，老师是领航人，老师的引导是我们成长的助推器。没有老师，我们就不会从无目标地度过人生到有目标地追求；没有他们，我们就不会有丰富多彩的梦想，就不会不断地追求和进取。让我们衷心地说一句："谢谢您，老师！"

老师每天陪伴着我们学习，时时刻刻鼓励我们、教育我们，她们把知识一点一点地浇灌给我们，把自己的爱一点一点地浇灌给我们，这一切是多么值得感谢啊！我们要感谢老师的爱。当我们怀着疑惑的心面对难题时，是老师耐心细致的讲解让我们豁然开朗；当我们怀着失落的心面对失败时，老师的鼓舞让我们扬起勇气之帆；当我们满怀喜悦地对待成功时，老师的善意提醒让我们变得理智清醒；当我们遇到挫折的时候，老师安慰我们，给我们力量，告诉我们要坚强面对；当我们赢得荣誉的时候，老师笑着和我们一起分享……老师的爱不断激发出我们的热情和活力，让我们越来越出色。

感谢老师的辛勤付出，感恩老师的谆谆教诲，我们要用爱和行动来报答老师。感恩老师，它表现在日常的点点滴滴：课堂上，你专心地听课，这便是感恩；下课后，在走廊里看到老师，带着微笑礼貌地问一声"老师好"，也是感恩！用优异的成绩，用持续的坚持，用你一点一滴的进步来告诉老师，"老师，我能行"，更是对老师的感恩。

让我们从一点一滴做起，感恩老师！老师给予了我们太多太多，老师用爱托起了明天的太阳，感谢老师，师恩永不忘！

感谢同学，对我们的信任与帮助

人生中，我们的身边总少不了"同学"，在十几年的时间里，我们都是在同学的陪伴下度过的。同学是我们成长之路上的陪伴者、搀扶者。因为有了同学的陪伴，我们才不会感到孤单和寂寞；有了同学的搀扶，我们才会在重重困难面前鼓起勇气去克服；有了同学的信任，我们才会使自己更加自信、积极地做事。

有位中学生讲过这样一件亲身经历的事情。她在初一竞选班长的时候，开始只是抱着试试的态度，因为她当时各方面条件并不好。但是，后来的事实证明，班里有多于一半的人都选她当班长。后来，她在班级的发言中表示：还有很多同学没有选我，是因为他们对我还没有足够的信任，今后我要更加努力为同学们服务，争取能够得到全班同学的信任。在那整个学期中，她都非常努力，不但学习成绩总是名列前茅，同时还把班级的事情处理得井然有序，她们班成为了优秀班级。到了下学期选班长的时候，她赢得了全班同学的信任。

信任，有着非常大的力量，它能够给人带来更大的信心和勇气，能够让人把看似艰难的事情顺利地完成。感恩那些曾经给予过你信任的同学吧，正是他们的信任，我们才能够不断取得进步。可以说，在我们成长的道路上，无论是同学的信任还是同学的帮助都不可或缺。正因为有了这些，我们才能够不断成长。我们应该学会感谢同学，感谢他们默默地陪伴，感谢他们的真诚和信任，感谢他们在困难时的帮助……

初中学生宋辰成绩一直优异，各方面发展也都很好。但就在初三下半学期距中考还有三个月的时候，不幸降临在了他身上。

那天他骑自行车回家时被对面疾奔而来的一辆汽车撞了，飞到了路边。随后被送到医院，虽然保住性命，但是身上多处骨折，不得不在医院静养。

同学们知道了这件事情后，都去医院看望他。看到班长来了，宋辰先是表示感谢，然后告诉班长："我现在这样子，不能去上课了，马上就要中考了，我可怎么办啊？""不用担心，你的事情同学们都知道了，同学们今天都来看望你了，我们大家都会帮助你的。你现在的任务就是好好养病。"班长诚恳地说。

从医院回来后，班长把所有的同学召集在一起商量："我们现在一定要帮助宋辰，我希望能够腾出时间的学生每天轮流给宋辰补课。愿意帮助宋辰的同学请举手。"当时大部分的学生都举起了手。

第二天，班长把这件事情告诉了班主任，班主任高兴地说："既然你们已经决定了，就好好加油，但是不要落下自己的学习啊。"

从这一天开始，同学们放学后轮流去给宋辰补课。由于宋辰的成绩以前一直比较优秀，所以，很多学习成绩不如他的学生，都比之前更加认真地学习，生怕到时候还没有他知道得多。

就这样，在同学的陪伴和帮助下，宋辰没有落下一节课，两个月后，他出院了。紧接而来的就是中考，中考成绩出来了，很多人都没有想到，宋辰以全校第一的成绩被市重点高中录取，而班里的其他同学成绩也都比以前要好。

在大家离校聚会的那一天，宋辰站在讲台上给所有同学深深地鞠了一躬，他满含泪水地说："同学们，谢谢你们！谢谢你们的陪伴和帮助！"

让我们感谢身边的同学吧，是他们殷切的关心、细致的照料，使生病中的你无比坚强，是他们鼓励的眼神、真诚的帮助，让你对学习信心百倍，也正是他们的点点滴滴付出，让你不断进步。

成长的道路上永远也缺少不了同学的陪伴。在学习上，正是他们的关心，帮助，我们才能克服一个又一个困难，取得优异的成绩。在生活中，我们齐头并进，快乐成长。当我们成功时，同学们会因此而高兴；当我们失败时，同学们会鼓励、安慰我们。所以，我们要感谢同学，是他们让我们快乐，让我们坚强，让我们健康成长。

感谢所有的同学，陪我们渡过了无数个欢笑的白天，无数个忙碌的夜晚，无数个美好的日子。让我们静心体会一下来自同学的关心和支持，让我们仔细品味一下来自同学的温馨和甜蜜，让我们对身边的同学真诚地说一句：谢谢你，我亲爱的同学！

感谢朋友，带给我们真诚的友情

生活于人世间，我们并不孤独寂寞，除了同学之外，我们每个人的身边都还有很多朋友。我们不仅要感恩同学，也要对朋友怀着一颗感恩的心，是朋友让我们感受到了人世间的友情。

巴金在《谈友情》中写道："我的眼眶里至今还积蓄着朋友们的泪，我的血管里至今还沸腾着朋友们的血，在我的胸膛里跳动的也不只是我一个人的孤寂的心，而是许多朋友们的暖热的心。我可以毫不夸张地说一句，我是靠着友情才能够活到现在的。"友情的重要在这段文字中可见一斑。友情就像一盏灯，照亮了人的心灵，使人的生命有了光彩。人世间最珍贵的，莫过于真诚的友情。只要你有一颗感恩的心，你就会有许多朋友。

俗话说："在家靠父母，出门靠朋友。"我们不可能只依靠我们的亲人，因为亲人总有不在我们身边的时候，在这个时候，我们需要朋友的支持和帮助，他们帮助我们走出难关，远离灾难。

公元前4世纪，在意大利，有一名叫皮斯阿斯的年轻人因为触犯了国王而被判了死刑。

皮斯阿斯是一个大孝子，在临终之前，他请求国王能够让自己回家一趟，跟母亲告个别，并表达一下自己的歉意，因为他不能够为母亲养老送终了。国王感其诚孝，同意了他的请求，但是为了防止他不再回来，国王提出了一个条件，那就是让皮斯阿斯找个人替自己坐牢。这个问题难住了皮斯阿斯，因为这要冒着被杀头的危险，谁会自寻死路去帮助自己呢？然而令人意想不到的是，他的朋友达蒙知道消息后，主动请求帮助他。

达蒙住进了牢房，皮斯阿斯回家与母亲诀别。所有人都在为达蒙担心着，大家静静地看着事态的发展。时间过得很快，眼看刑期在即，可是皮斯阿斯好像根本没有回来的迹象，人们开始议论纷纷，大家都说达蒙愚蠢之极，肯定上了皮斯阿斯的当。

行刑日已经到了，皮斯阿斯仍然没有回来，达蒙被押赴刑场。在刑车上，达蒙没有一丝后悔的表情，反而是一副慷慨赴死的豪情。

追魂炮被点燃了，绞索也已经挂在达蒙的脖子上。行刑马上要开始，很多人都吓得闭上了眼睛，他们都替达蒙感到深深的惋惜，替达蒙痛恨皮斯阿斯。

可是就在这千钧一发之际，一个声音高喊着："我回来了！我回来了！"所有人都开始回头看，果然是皮斯阿斯，大家都跟着高喊了起来，消息很快就传到了国王的耳中，国王半信半疑地来到了刑场，他要亲眼看一看讲诚信的皮斯阿斯。

最后，国王亲自为达蒙松了绑，并当场赦免了皮斯阿斯的罪行，不仅如此，国王还嘉奖了达蒙和皮斯阿斯，让全国子民向他们学习。

患难见真情，真正的友谊往往在一个人有困难的时候会被无限放大，体现得淋漓尽致。在皮斯阿斯最困难的时候，达蒙义无反顾地帮助了他，即使牺牲生命，也毫无怨言，因为他相信自己的朋友皮斯阿斯。也正是这种患难中的真情，救活了皮斯阿斯，也感动了所有的人。

什么是朋友？这就是朋友，在你伤心难过的时候，朋友会给你带来希望，让你有信心继续前行；在你悲观绝望的时候，朋友及时地伸出援助之手，和你一起分担哀愁。如果在你的身边有这样的朋友，你应常以感恩之心去对待他，你会发现，拥有这样的一位朋友是多么幸福的一件事情。

在和朋友交往的过程中，在感到幸福快乐的同时，不可避免地也会产生一些矛盾、摩擦或者不快。此时如果发现是自己的错误，就应主动地向朋友道歉，而如果是朋友的错，那么我们应该以一颗包容的心，给予对方谅解。对于朋友给自己的帮助懂得感恩，对于朋友的错误选择宽容，这正是需要我们学习的。与朋友相处，要互相理解、互相包容，即使有时争得面红耳赤，也不必放在心上；多反思自己的不足，多感激对方的恩惠，对矛盾不要老是耿耿于怀。如果我们每个人都能够做到这一点，那么我们的生活会更加温馨，我们的前途也会更加宽广。

在成长的岁月中，曾经陪你笑陪你愁的朋友，是一辈子都不能忘记的，感谢朋友的帮助，感谢朋友为我们做的一切。愿我们都能珍惜每份友谊，做永远的朋友。

感谢对手，促使我们发挥潜能

在竞争日趋激烈的今天，或许每个学生都有自己的竞争对手。对手总会给你带来压力，让你嫉妒敌视，逼迫你投入到"斗争"中，并想方设法成为胜利者。

击倒一个对手有时候很简单，但没有对手的竞争又是乏味的。一种动物如果没有了对手，就会变得死气沉沉。一个人如果没有了对手，就会甘于平庸，养成惰性，最终导致庸碌无为。有了对手，才会有压力，个人能够发展壮大，应该感谢对手时时施加的压力。正是把这些压力化为战胜困难的动力，才能进而在各种竞争中，始终保持着一种危机感。

日本的北海道出产一种味道珍奇的鳗鱼，海边渔村的许多渔民都以捕捞鳗鱼为生。鳗鱼的生命非常脆弱，只要一离开深海区，要不了半天就会全部死亡。奇怪的是有一位老渔民天天出海捕捞鳗鱼，返回岸边后，他的鳗鱼总是活蹦乱跳的。而其他几家捕捞鳗鱼的渔户，无论如何处置捕捞到的鳗鱼，回港后都全是死的。由于鲜活的鳗鱼价格要比死亡的鳗鱼几乎贵出一倍以上，所以没几年工夫，老渔民一家便成了远近闻名的富翁。周围的渔民做着同样的营生，却一直只能维持简单的温饱。

老渔民在临终之时，把秘诀传授给了儿子。原来，老渔民使鳗鱼不死的秘诀，就是在整仓的鳗鱼中，放进几条叫狗鱼的杂鱼。鳗鱼与狗鱼非但不是同类，还是出名的"对头"。几条势单力薄的狗鱼遇到成仓的对手，便惊慌地在鳗鱼堆里四处乱窜，这样一来，反而倒把满满一船舱死气沉沉的鳗鱼全给激活了。

鳗鱼因为有了狗鱼这样的对手，才长久地保持着生命的鲜活。可见，有了对手，才会激发起更加旺盛的斗志，才会增强竞争力。有了对手，才会奋发图强，锐意进取，以防止自己被吞并，被替代，被淘汰。

其实只要反过来仔细一想，便会发现拥有一个强劲的对手，反而倒是一种福分，一种幸运。所以，我们不但不应该仇恨对手，反而应该感谢他们。在学校，考试成绩、科技比赛、劳动竞赛，乃至课余爱好等方面都存在着竞争。竞争是不可避免的，我们应正确对待种种竞争，通过竞争，锻炼自己的能力，提高自己的成绩。我们要感谢共同竞争的对手，是他们促使我们不断超越自己。

　　英语是刘亚林的强项，在任何英语竞赛中他大都能取胜。上初中的时候，他参加过各种学科竞赛，也参加过不少与学科无关的其他比赛，不管胜负结果如何，他都从这些比赛中学到了很多东西，进一步提升了能力。

　　有一次，举行了一次省级英语演讲比赛。在这次演讲比赛中，人才济济，高手云集，这时他才真正感觉到了压力。这次的演讲比赛不仅比试英语口语，而且包括各个方面，比如言行举止等。他凭借着过硬的综合实力，一路过关斩将，直接闯入决赛。

　　决赛的时候，刘亚林遇到了一个实力很强的对手，对方和他一样，也具有很丰富的经验，而且在语言的某些方面还超过了他，在预赛中他们的分数相差无几。决赛进入白热化阶段后，除了规定的演讲题目之外，他们还接受了评委们的现场提问。或许是因为参加过的比赛特别多的缘故，刘亚林在这次比赛中从容自如，超常发挥，赢得了关键的零点几分，最终获得了此次比赛的冠军。

一个孩子能取得多大的成绩，很大程度上，取决于有什么样的对手。奥地利作家卡夫卡说："真正的对手会灌输给你大量的勇气。"所以我们应积极主动地为自己找一个竞争对手。不管是在生活中，还是在学习上，都应该时时为自己找一个优秀的对手，激励自己不断进步。

为自己找到对手后，要学会善待对手，要把竞争对手当作优秀的参照物，从尊重和欣赏的角度出发，学习对方的长处。有时，对手是我们的镜子，他的成功可以给我们以借鉴，他的失败则会让我们汲取到一些经验和教训，并尽快地校正好自己的人生方向。对手有时就是我们的老师和朋友，我们应该感谢它。

感谢对手，因为有他们的无声督促，我们才会产生适当的压力，从而才有动力发挥自己的潜力。对手促让我们思考，让我们越来越勇敢坚强，越来越有战斗力。在竞争中，是对手促使我们不断完善，快速成长。

所以，让我们对对手说声"谢谢"吧，在心里默默地祝福他。

感谢打击你的人，他磨炼了你的心志

任何学习，都不如一个人在受到打击的时候学得更迅速、更深刻、更持久。人总要经受很多折磨，承受各种打击。其实这些对人生并不是消极的，反而是一种促进人成长的积极因素。因为，生命是一次次的蜕变过程，唯有经历各种各样的折磨，人的潜能才会被激发出来，从而让人逼迫自己去突破现状，改变人生。如果你能够把别人对你的打击转化成为前进的动力，就会发现打击原来是人生的宝贵财富。

东方卫视的《杨澜访谈》，有一期是访谈梁家辉的，节目的最后，杨澜问梁家辉："你对于打击过自己的人恨不恨？"梁家辉回答说："我要感谢他们，让我经历了那么多，也让我明白了自己是个平凡的人。"梁家辉的这句话发自内心。这是他在经历了很多伤痛之后，感悟出来的生活哲理。

如果有人打击了你，你应该感谢他，因为是他让你知道自己原来还不是很完美，让你知道自己其实还需要更努力。我们应感谢那些打击自己的人，不管他们是善意的还是恶意的，他们在折磨你的同时，也在成全你，正是他们让你摆脱了脆弱状态，从而走向坚强，走向成熟，走向成功。

加拿大人让·克雷蒂安从小口吃，而且相貌丑陋，幼年的时候因为一场火灾导致他的左脸局部烧伤，一只耳朵失聪。由于脸部有缺陷，克雷蒂安经常受到别人的歧视和打击。没有人愿意和他玩儿，大家见了他都躲得远远的。

有一天，一个人看着他恶毒地说："你真是个丑八怪，你除了脑子聪明，其他所有的地方都让人感觉恶心。"克雷蒂安听了后，先是一愣，继而高兴地说："谢谢你，真的感谢你。"那人听了后大笑说："你是不是傻了？简直就是个白痴。"此时，克雷蒂安一本正经地说："是的，我真得好好谢谢你，是你让我知道，我虽然很丑，但是我还有我的长处，我有聪明的大脑，这样我就有了人生的方向。"说完后，他快步走开了。

从此以后，克雷蒂安把别人对他的打击当成一种动力，对所有挖苦他的人都会礼貌地说声："谢谢"。他感谢那些人用特别的方式"鼓励"着他。

终于，经过不懈努力，他成为了一个颇有建树的人。在后来的一次竞选中，保守党对选民说："你们要选这样的人吗？"意在针对他的丑陋面貌。这种人身攻击让很多选民感到愤怒和反感。而克雷蒂安却因此得到选民的极大同情，最终成功当选。

在竞选结束的发布会上，克雷蒂安感慨地说："我非常感谢那些嘲笑、打击我的人，因为是他们在时刻提醒我除了缺陷，其他方面都很好。这次竞选也一样，要不是这些缺陷，我想我得不到这么多的选票，我在这里要大声地对所有的人说一声'谢谢'。"

打击能够刺激我们不断进取，获得成功，所以打击也是一种别样的馈赠。法国作家罗曼·罗兰说："世上只有一件事比遭人折磨还要糟糕，那就是从来不曾被人折磨过。"因此要感谢打击我们的人，有了他们的存在，才有我们的不断强大。

没有谁的人生之路是一路平坦，都会或多或少地经受一些打击。一个人唯有经历了打击，心胸才会更加开阔，也只有经历了折磨，才会离成功更近。所以我们要学会用感谢的心对待打击自己的人，因为他强化了我们的毅力，使我们奋勇向前；因为他丰富了我们的世界，让我们活出了精彩的人生。

　　李家栋高中毕业后找不到好工作，只得在一家公司打杂。一天，他碰到了以前的同学，当同学知道他在打杂时，半开玩笑地说："你竟在做这种工作，简直就是个窝囊废！"然后就离开了。

　　这句话让李家栋心里难受得快要窒息，他的眼泪不停地往下流。但是他没有选择仇恨，他在心里暗暗告诉自己：我不要做窝囊废，我一定要奋发图强，做个有所作为的人，让你看看我也可以很优秀。

　　从此以后，他开始充分利用业余时间发奋读书，在很短的时间里，他通过了成人自学考试，并且考上了公务员。现在他已经成为某行政单位的骨干人物，很让人羡慕。

　　李家栋在被同学打击之后，没有选择仇恨，而是将其转化为一种动力，一种斗志，最终逼着自己去改变现状，直至成功。

　　所以，我们应该感谢那些打击过自己的人。感激欺负你的人，因为他让你变得坚强；感激欺骗你的人，因为他增进了你的智慧；感激中伤你的人，因为他砥砺了你的人格；感激蔑视你的人，因为他激发了你的斗志；感激遗弃你的人，因为他促使你独立；感激伤害你的人，因为他磨炼了你的心志。

　　感谢打击过我们的人，是他们使我们成长为更好、更强、更优秀的自己；是他们改变了我们的人生！

第五章

感恩逆境，使我们变得更强大

逆境是人生的垫脚石。在成长的道路上，每个人都可能遇到困难或挫折，与其一味抱怨不如学会感恩。逆境之于人生，不是毁坏而是造就，非常的逆境其实就是特别的恩典。感恩逆境，有了一个个逆境，便会增加一份份力量，去创造自己的价值，改变自己的人生。

面对磨难，心存感激

谁都希望自己的生活能够多一些幸福，少一些痛苦。可是生活不会那么完美，那么尽如人意。总要或多或少地给人一些挫折和磨难，面对这些，抱怨不如心存感激。磨难磨炼人生。磨难之于人生，不是毁坏而是造就，不是惩罚而是拯救，特别的磨难其实就是特别的恩典。

成功学大师奥格·曼狄诺曾经指出："一个人，从出生到死亡，始终离不开受苦。人不经过磨炼，就不会完善，生命热力的炙烤和生命之雨的沐浴让人受益匪浅。"没有经历过逆境的人生是不完美的人生，经历过逆境并且勇敢与之作战，最终战胜它的人，才能真正认识自己，认识生活。

被人们誉为"文学之父"的杰克·伦敦小学毕业后，就进了一家罐头厂当童工，每天在非人的条件下常常要工作十八九个小时，直到深夜才拖着疲劳不堪的身子回家。杰克·伦敦17岁时，受雇到一条小帆船上当水手，不久，他因为"无业游荡"被捕入狱当苦工。

出狱后，杰克·伦敦刻苦自学。20岁时，靠自修考上了加利福尼亚大学，可是，只读了一个学期，便因缴纳不起学费退学。失学后，他一面在洗衣店做工，一边开始业余写作，希望用稿费来弥补家用。

后来，杰克·伦敦又随众人到遥远的阿拉斯加去当淘金工人。他历经千辛万苦，由于缺乏营养，劳累过度患了坏血病，几乎使他下肢瘫痪。但是，苦难的刺激与磨炼，使杰克·伦敦成为一个具有特殊气质的作家。成为职业作家后，他16年如一日，每天工作19个小时，一共写了50本书，其中仅长篇小说就有19部。他的作品充分表现人同困难的斗争，人处于各种逆境中的反抗，给20世纪初的文坛带来一股生机勃勃的力量。

一个人遭遇的挫折、磨难可能造成肉体和精神上的痛苦、物质生活的贫困，却也并非一无是处。挫折、磨难可以增强一个人的意志，更好地挖掘生命本身的潜力。唯有在艰难的处境中千锤百炼，在痛苦中百转轮回，才能真真切切地体味人生的真谛。

"不经历风雨，怎能见彩虹"，任何一种本领的获得都要经由痛苦的磨炼。最美好的东西皆需要经过最痛苦的孕育。同样是磨难，有人抱怨它劳心伤神，阻碍前进；有人却分外感激它，感激磨难使自己得到了升华。创维集团的黄宏生说："多年来，我一直欣赏一句话：世界上有两种人，一种是快乐的猪，一种是痛苦的人。漫长的人生路上，有些苦是一定要吃的，与其消极地吃苦，不如主动地在追求痛苦的过程中升华自己。"

成龙7岁时，父亲去了澳大利亚；一年多后，母亲也去了异邦，每两年才回港一次，留下成龙一个小孩子在香港"自求生存"。成龙后来回忆说，他跟随于占元师傅学艺的时候，每天清晨5时起来，一直要练到半夜12点。童年可以说让成龙受到了许多磨炼。于师傅是位"严师"，奉行棍棒教育的宗旨，对他的学生，每个都打，天天都打，只有过年过节时才稍微收手。

8岁时，成龙已经以童星姿态加入电影圈跑龙套。17岁成龙正式满师。成龙回忆说："刚满师时，在潜意识中对父母有点不满，他们为什么到澳洲去了不理我？"这种潜意识的怨恨感、被遗弃感，可能会令一个普通人感到被压得透不过气来，可能会整天自怜自悯，怨天尤人，但成龙没有这样。成龙那苦中寻乐的性格令他"戏剧人生"般地发挥创造力，在《笑拳怪招》《师弟出刀》等影片里，他将痛苦的童年戏剧化为受恶人欺侮，将苛刻的师傅演变为老顽童式的恩师——一种感恩心态促使他将"酸柠檬"制成为可口的"柠檬汁"，这使他平地一声雷，成为李小龙之后最受欢迎的武打明星。

避开磨难是生命的最佳选择，一旦躲避不开，就让痛苦变作美丽人生的养分，此亦是生命的最佳选择。在磨难面前，我们应该用笑脸来迎接，用百倍的勇气对付，用磨难磨砺自己的思想，打造自己的意志，然后去赢得更大的成就。

爱默生曾经说过："每一种折磨或挫折，都隐藏着让人成功的种子。"的确如此，正是因为经受了磨难，我们才有前进的动力。所以，从这个意义上来讲，我们应该感谢磨难。只有经历了各种各样的磨难，我们才能像雄鹰一样展翅高飞。

感谢磨难，有了一次次磨难，便会增加一份份战胜凄风苦雨、冷霜冰雪的力量，去创造自己的价值，辉煌自己的人生。

正视挫折，学会从中受益

生活中常有许多挫折，它们像影子一样伴随着我们，它总是于不经意间绊人一个跟头，使人陷入失落痛苦中，难以自拔。挫折是人生必经的坎。当挫折来临的时候，我们没有选择，只能调整好心态接受它。

面对挫折，感恩者终会知道这是人生的必然，更能从中体验到战胜困难，超越自我的快乐。奥斯特洛夫斯基说得好："人的生命似洪水在奔腾，不遇着岛屿和暗焦，难以激起美丽的浪花。"如果我们能正确面对挫折，那么人生就会上升到一个新高度。正如巴尔扎克的比喻："挫折就像一块石头，对弱者来说是绊脚石，使你停步不前，对强者来说却是垫脚石，它会让你站得更高。"

湖南女孩陈元在中学阶段，曾经历了一次挫折——与国际奥赛失之交臂。

之前，陈元曾花了好几年的时间来准备奥赛，做了数不清的题，承受了许多艰难困苦。但是，她的所有汗水和心血，末了却在一瞬间付之东流了。

奥赛中，陈元在前几轮物理理论考试中发挥出色，但在实验项目中却发生了一次失误。陈元后来说，之前她从来没有在晚上做过实验，所以她没有完成那道实际上很容易的题目。

本来大有希望的奥赛就这样失利了。这对于16岁的陈元来说，无疑是一次重创。她感到痛心，感到悲伤，在机场见到爸爸的时候，她泪流满面……。

陈元回到家里，把自己关进房间，她第一眼看到的，是爸爸放在桌上的信。

亲爱的女儿：

我们像欢迎凯旋的英雄一样欢迎你的归来。因为你没有失败，你已经尽了最大的努力，你是胜利者。这次没有获奖，的确有些遗憾，但你从中得到的经历，得到的锻炼，远比获奖的意义要丰富得多，宝贵得多，这是你人生的一个新的起点。从此，你会经得起挫折、委屈，你会因此而奋起，去攀登你人生的新高峰……。

当陈元的爸爸得知这一消息后，他克制住了难过的情绪，给陈元写了这封信，希望她能正确对待这次失败，学会适应挫折，从而把一件坏事变成好事。

这次挫折并没有打垮陈元。在经历了最初的痛苦、伤心、绝望之后，她开始面对新的挑战，热情、积极地攀登人生的新高峰。

每个孩子在成长的过程中都会遇到各种挫折。挫折会让人感到痛苦和紧张，所以容易本能地逃避。其实，遭受挫折有利于开发智力，也有利于丰富经验，提高能力。所以我们应正确看待挫折，把它看成是磨炼意志、提高能力的好机会。家长应该有意识地培养孩子的受挫心理，当孩子遭遇困境时，切忌同情心过分外露，这时应当采用"冷处理"的方法，让他们静静地反省，吸取经验教训，改进自己的做事方法，这对于培养孩子耐挫的心理是十分有益的。

成长之路不可能是一帆风顺的，难免会有挫折与坎坷，经历的挫折越多，感受也就越深刻。挫折能够磨砺一个人的意志和品质，所以多经历一些挫折不是坏事，而是好事。爱迪生说过："失败也是我需要的，它和成功一样对我有价值。只有在我知道一切做不好的原因以后，我才能知道做好一件工作的方法是什么。"挫折有时也是成功的助推器，要想从挫折中汲取自己所需的营养，关键看你是否以感恩的心态去看待它。

家长应让孩子意识到，挫折是生命的一种馈赠，人真正的奋起，往往起于挫折之后。没有谁的一生是一帆风顺的，都会在人生的道路上遇到大大小小的挫折。而正是这些大大小小的挫折才谱就了人生这首平凡而又动听的歌。所以，我们应该感谢挫折！

遭厄运比交好运更容易提升心智

在生活中，很多人非常害怕厄运，一遇到厄运他们就选择逃避。在交好运的时候，大家都懂得感激上天，感激生活。面对厄运则容易丧失斗志，最终造成了悲惨的结局。其实，我们要感恩、客观地对待厄运，然后你会发现厄运其实也有它的好处。

遭到厄运时，会促使人们静下心来思考，从而发现自己的方向，为以后的发展打下坚实的基础。其实，在生活中，有所成就者都不惧怕厄运，面对厄运，他们凭着一颗感恩的心和一腔无所畏惧的精神，发愤图强以图早日突破厄运的羁绊。

公元前870年，荷马出生于希腊境内小亚细亚的一个世袭贵族家庭，从小就受到了良好的教育。然而，就在他风华正茂的少年时代，荷马不幸染上了可怕的瘟疫，父母请来了最好的医生为他诊治，生命虽然保住了，但荷马一双明亮的眼睛却永远失明了。

"厄运是魔鬼，它夺走了你的光明。厄运也是天使，它是一座深不可测的宝藏。要在厄运中赶走魔鬼、拥抱天使，最重要的美德就是坚韧。"在母亲的教诲下，荷马开始迎接厄运的挑战，朝气蓬勃地投入了新的生活。

通过3年的学习，聪慧的荷马已经比较熟练地掌握了弹琴的技巧，并且学会了用诗歌来吟唱故事。他的琴声和歌声都极有魅力，很快就引起了人们的关注。为了吟唱诗歌和收集古老的故事，17岁的荷马离家远行。从此，他风餐露宿，历尽千辛万苦，走遍了整个希腊的大地。

在广泛收集民间故事的基础上，荷马用自己丰富的想象力和非凡的文学才华，创作出了《伊利亚特》和《奥德赛》这两部永留青史的辉煌史诗，对世界文学史的发展产生了深远的影响。

漫漫人生路，有谁能说自己是踏着鲜花与阳光走过来的？如果因为一时的厄运就轻易地放弃人生，到头来懊悔的只能是自己。要有意识地培养一种感恩的精神。有了这种精神，就可以从生活的厄运中站起来，消灭痛苦赢得光荣。

厄运让消极的人毁灭，让感恩的人重生和奋发。任何厄运都不是我们失败的借口。厄运可以磨炼我们的意志，可以让我们学会把命运掌握在自己的手中，路在自己的脚下，一切都应该由我们自己掌控才行。当厄运降临后，只有感谢厄运，充分利用厄运磨炼我们的身心，把厄运当成铸造生命奇迹的钻石，成功才会指日可待。

海伦·凯勒是举世敬仰的作家和教育家。尽管命运之神夺走了她的视力和听力，她却以坚韧不拔的精神紧紧扼住了命运的喉咙。她的名字已经成为坚韧不拔意志的象征，传奇般的一生成为鼓舞人们战胜厄运的巨大精神力量。

海伦·凯勒于1880年出生于美国亚拉巴马州北部的一个城镇。在她一岁半的时候，一场重病夺去了她的视力和听力，接着，她又丧失了语言表达能力。母亲在绝望之余，只好将她送到一所盲人学校，特别聘请沙莉文老师教导她。

一个聋盲人要学会认字、学会阅读，需要要付出超乎常人的毅力。海伦是靠手指来观察莎莉文的嘴唇，用触觉来领会她喉咙的颤动、嘴的运动和面部表情的，而这往往是不准确的。她为了使自己能够读好一个词或句子，要反复地练习，但她从不在困难面前屈服。

对于自己的不幸，海伦从来没有抱怨过。她是一个懂得感恩的人，对于自己的不幸，她说"忘我就是快乐。因而我要把别人眼睛看见的光明当作我的太阳，别人耳朵听见的音乐当作我的乐曲，别人嘴角的微笑当作我的快乐。"正是这种心态，让海伦顽强地活了下去。在她的一生里，虽然障碍重重，但从未忘记感恩，在这种心态的驱使下，她尽力去帮助更多的人。海伦终身都在奉献，她四处为残障人士做演讲，鼓励他们做个残而不废的人。她还亲身示范，为残疾人树立了生活下去的信心。

厄运并非幸福的绝路。厄运能够打开我们的生命之窗，使我们一边进取，一边解缚，从而使潜能得以最大实现。很多人之所以伟大，就是因为在面临厄运的时候，没有选择抱怨而是感恩，在感谢中奋斗不息，从而改变了自己的命运。

厄运之火的熔铸使生命有了钢的韧性，厄运之锤的重击使灵魂有了铁的硬度。厄运教会了我们怜悯，让我们更具爱心；厄运赐予我们智慧，让人生更加辉煌；厄运引导我们走向永生。感谢厄运！

贫穷是一所最好的大学

有些人这样评价贫穷，说它是一种无法选择的不幸。但如果以感恩之心来看，贫穷往往会是一种无穷的动力源，对待贫穷的不同心态，导致了一些人永远贫穷，而使另一些人取得了非凡的成就。

古今中外，许多有所成就的人，都是从贫寒的家境中走出来的。"金利来"的创始人曾宪梓曾经说过："贫穷并不可怕。只要人有志气，在克服贫穷努力奋斗的过程中，我们会比别人学到更多的东西。"无论走在怎样贫穷的路上，都应该在感恩之心的导引下，奋力拼搏，开创出属于自己的精彩人生。

美国富豪约翰·洛克菲勒小时候家庭贫困，生活艰难。

在洛克菲勒上小学的一天下午，老师告诉同学们说，今天天气不错，有一位摄影师要来拍一些学生上课时的情景照。在此之前洛克菲勒是没照过相的，对一个穷苦人家的孩子来说，照相是一种奢侈。摄影师刚一出现，洛克菲勒便想象着要被摄入镜头的情景，多一点微笑、多一点自然，帅帅的，甚至开始想象如同报告喜讯一样回家告诉母亲："妈妈，我照相了！是摄影师拍的，棒极了！"

洛克菲勒那双兴奋的眼睛一直注视着那位弯腰取景的摄影师，希望他早点把自己拉进相机里。但令洛克菲勒失望的是，那个摄影师却用手指着洛克菲勒，对老师说："你能让那位学生离开他的座位吗？他的穿戴实在是太寒酸了。"当时弱小的洛克菲勒无力与老师抗争，只得默默地站起身来。

在那一瞬间，洛克菲勒感到自己的脸在发热，但他并没有动怒，也没有自哀自怜，更没有埋怨父母没有让自己穿得体面些，因为他知道，父母为他能受到良好的教育已经尽了全力。看着在那位摄影师调动下的拍摄场面，洛克菲勒攥紧了拳头，向自己郑重发誓：总有一天，我会成为世界上最富有的人！让摄影师照相算不了什么！我要让世界上最著名的画家给我画像！

后来，洛克菲勒在给儿子约翰的信中回忆了那个刻骨铭心的经历："约翰，我的儿子，我那时的誓言已经变成了现实！在我眼里，侮辱一词的词义已经转换，它不再是剥掉我尊严的利刃，而是一股强大的动力，排山倒海一般，催我奋进，催我去追求一切美好的东西。如果说是那个

　　摄影师将一个穷孩子激励成了世界上最富有的人，似乎并不过分。"

　　我们每个人生来就是平等的，没有谁注定一生贫穷，也不会有谁注定一世富有。如果你是一个贫穷的孩子，那么你应该庆幸。贫穷并没有什么可怕的，关键在于你是否能感谢它，战胜它，利用它。如果是，那你就拥有了一笔宝贵的财富。

　　安金鹏是天津市武清区大友垡村的一个贫困农家的孩子。他以吃苦耐劳的精神刻苦读书，最终以优异的成绩考入了北京大学。

　　如果说贫困是一所最好的大学，那么安金鹏的妈妈就是他人生最好的导师。

　　安金鹏在天津一中读书时，连食堂的素菜都吃不起，只能顿顿买两个馒头。学习任务却非常繁重，妈妈来给他送钱的时候，他诉说了自己生活上的苦楚，以及英语跟不上的忧虑。谁知妈妈竟一脸笑容地回答："孩子，妈知道你最能吃苦了，妈不爱听你说难，因为一吃苦就不难了。""妈妈记得有这么一句话——贫困是一所最好的大学哩！你要是能在这个学堂里过了关，那咱天津、北京的大学就由你考哩！"

　　安金鹏记住了妈妈的话。对生活上的苦，他不以为然。为了学好英语，有点口吃的他就捡来一枚石子含在嘴里，然后开始拼命地背英语课文。舌头跟石子摩擦时，血水就顺着嘴角流淌了下来。半年过去了，小石子磨圆了，他的英语成绩也大幅提高。

　　贫穷让人学会了奋发，也让人学会了感恩。在面对贫穷的时候，要努力奋起，不要消极沉沦。贫穷只是暂时的困境，而不是永远的选择，面对贫穷，我们要努力奋斗，将其转化成一笔巨大的财富。

　　我们应该感谢贫穷。感谢它让我们有了永不言弃的精神，感谢它让我们有了永远上进的心态。贫穷是人生中最大的财富，只要好好利用这笔财富，它会让你成为一个真正富有的人！

感谢压力，把它化作向上的动力

在我们的日常生活中，压力可以说是无处不在。对于中小学生来说，时常感到有些压力是正常的。随着人的成长，学习、竞争等各个方面的压力便如影相随。压力常常让人不知所措，它阻碍着我们前进的步伐，让我们活得很累，甚至让我们身心俱损。压力看似是负面、具有打击性的，但事实上，压力也有其自身的作用。有的人习惯于抱怨压力，在压力之下不堪重负，而有人却习惯于感谢压力，将压力变成前进的动力。

人在没有压力的情况下，就不会有新的追求，从而也就失去了进取的动力。有些时候，我们需要一些压力，来激发自身的潜能，唤醒内心深处被掩藏已久的激情，来实现人生的价值。

有个长跑运动员，平时怎么也跑不快。有一天，他正在一片荒野中训练，忽然听见身后传来狼的叫声，并且逐渐急促起来，好像就在他的身后。他知道有一只狼盯上他了，于是就头也不回地没命奔跑着。那天，他的成绩好极了。

教练问他原因，他说听见了狼的叫声。教练意味深长地说，"原来不是你不行，而是你的身后缺少一只狼。"后来他才知道，那天清晨根本就没有狼，他听见的狼的叫声，是教练装出来的。从那以后，每次训练时，他都想象着身后有一只狼，于是成绩开始突飞猛进。终于，他在一次马拉松比赛中，获得了冠军，并且打破了世界纪录。

人在重压之下，往往容易激发出自身潜能，从而不断超越自我。所以我们要学会挑战自己，承受压力，将它变成前进的动力。

面对压力，我们如果一味逃避，那么将一直是过去的自己。如果想要真正成长，就要勇于承受压力，当你因压力而不习惯，甚至紧张恐惧的时候，你正在不断成长。所以当压力来临时，聪明人会充分利用压力，变压力变为动力，从而激发自己的斗志和热情，战胜压力。

作为一名初中生，陈君偏科非常严重，她特别爱学英语，英语成绩从来都是第一名。但是她的数学成绩却让老师非常头疼，也让她羞于启齿，而且，成绩越差她就越不愿意学，以至于数学成绩总是班里倒数。

陈君的数学老师是班主任，面对她的这种情况，班主任经常找她单独谈话，对她可以说是苦口婆心，班主任告诉她："如果再这么偏科，以后升学会受很大影响的，从现在开始好好学习，还可以赶上。"其实陈君不是不懂这些道理，可是就是学不会。她认为是由于自己没有这方面的天赋，自然也就不再努力了。班主任看到她的数学成绩还是没有进步，于是在一节数学课上，向全班同学宣布说："从今天开始，任命陈君为副数学课代表，协助数学课代表工作。"此时班里的所有同学都愣了，陈君更是明白，自己的成绩怎么可能协助课代表工作呢？她感到自己的压力非常大，但此时她已经没有什么退路了，只有放手一搏了。

于是，陈君开始恶补数学，她每天都要求自己做大量的习题，不再跟同学去逛街、玩游戏了，一门心思地学着数学，遇到问题就立刻向同学和老师请教，同学们都说她简直成为"数学苦行僧"了。

在这种压力的作用下，陈君经过一个学期的刻苦学习，数学成绩大幅提高。

压力常能让人发挥出潜在的能力，甚至创造出奇迹。陈君正是因为有压力，才会在短时间内赶超上其他同学。没有压力我们将一事无成，而有了压力，就会使我们不断进步。所以，我们在面对学习压力的时候，不要退却，而是应该抱着一颗感恩的心，感谢压力，并且勇敢地面对它，挑战它，征服它。

压力是一把双刃剑，它会把有些人压得喘不过气来，从而一蹶不振，而拥有感恩心态的人，则会把压力当成动力，从而让自己在压力的推动下，不断向前。

第六章

感恩生活，酸甜苦辣都是收获

生活中，一个懂得感恩的人，会用平和的心态面对事情，对待自己的得失成败。得到的要感恩，失去的不抱怨。我们要以一颗包容的心，来接纳生活的恩赐。酸甜苦辣不是生活的追求，但一定是生活的全部。试着用一颗感恩的心来体会，你会发现不一样的人生。

以包容的心来接纳生活的恩赐

在生活的每一天里，我们都要面对形形色色的人、事、物，无论是欣逢顺境或遭遇坎坷时，都要有一个包容的心胸。

面对生活中的各种不如意，要学会包容。在十字路口彷徨的时候，在痛苦堵塞你心胸的时候，在被人误解的时候，在遭遇挫折的时候，你不妨将这所有的一切酿成一杯苦酒一饮而下，淡定地看待生活对你的不平，忘记世间对你的不公，这就是洒脱。谁都会有痛苦、困惑、烦恼、忧抑或委屈的时候。一个人一旦沉浸于痛苦失意中，就永远不会有所作为，只有那些懂得包容痛苦，并在痛苦中不断积聚力量的人，才会使生命变得愈加丰满和充实。

印度有一个师傅，他对于徒弟不停地抱怨这抱怨那感到非常厌烦，于是有一天早上派徒弟去取一些盐回来。

当徒弟很不情愿地把盐取回来后，师傅让徒弟把盐倒进水杯里喝下去，然后问他味道如何？徒弟吐了出来，说："很苦。"

师傅笑着让徒弟带着一些盐和自己一起去湖边。

他们一路上没有说话。

来到湖边后，师傅让徒弟把盐撒进湖水里，然后对徒弟说："现在你喝点湖水。"

徒弟喝了口湖水。师傅问："有什么味道？"

徒弟回答："很清凉。"

师傅问："尝到咸味了吗?"徒弟说："没有。"

然后，师傅坐在这个总爱怨天尤人的徒弟身边，握着他的手说："人生的苦痛如同这些盐，它们有一定数量，既不会多也不会少。我们承受痛苦的容积大小决定痛苦的程度。所以当你感到痛苦的时候，就把你的承受的容积放大些，不是一杯水，而是一个湖。"

其实，每个人的心底都有一片湖，那就是包容。拥有它就意味着你拥有了广阔胸襟，你的心灵也会因此而感到平静与从容。

生活中不会永远是阳光明媚，鸟语花香，它也会有无奈，苦难，挫折与失败。当我们遇到种种不如意时，要以包容的心去面对。一味为失败哀怨，对现实不满皆是无用之举，一切当以感恩化解。

阿进的父亲是个瞎子，母亲重度智障，除了他和姐姐，几个弟弟妹妹也都是瞎子。父母为了养活一家人，只能四处乞讨，阿进能走路了就和父母一起去乞讨。他9岁的时候，有人对他父亲说，你应该让儿子去读书，要不然他长大了还和你一样当乞丐。于是父亲就送他去读书。

阿进知道要改变现状，唯有珍惜自己的读书机会，勇往直前。所以他发愤图强，从不缺课，每天一放学就去讨饭，然后回来跪着喂父母吃。后来他上了一所中专学校，阿进获得了一个女同学的青睐。但女孩的母亲坚决不同意，还说"天底下再也找不到像他们那样的一窝窝人"，并把女儿锁在家中，用扁担将阿进轰出了家门……

这样的环境并没有磨灭阿进的斗志，他也从未抱怨和诅咒上天的不公。后来，凭着不懈努力，阿进成为台湾第37届十大杰出青年之一，一家专门生产消防器材的大工厂的厂长。在一次演讲中阿进这样说："我感谢上天为我安排了一切，我感谢生活，给了我磨炼和斗志，给了我这样一份与众不同的人生；它让我明白：要想得到成就，就必须奋斗，必须有出息……"

生活中，也许你的处境很糟糕，但是如果你和阿进一样懂得感恩，那么摆在你面前的所有困难都不是阻碍自己的绊脚石，而是让自己成长的垫脚石。感恩能唤醒内心使命感，一个常怀感恩之心的人，会在生活中坚守一份使命感，全力以赴地学习，尽职尽责地工作。

当遭遇各种不如意时，就把所有的烦恼都沉入心底吧，只有让它们慢慢地沉淀下来，才会显出生活的快乐和明媚。也许你的痛苦是因为学习成绩太差，家庭环境太糟，或遭受了失去亲人或意外事件的打击等。不论发生了什么，你都要把它看成一种恩赐，从中重新认识生活。

酸甜苦辣不是生活的追求，但一定是生活的全部。试着用一颗感恩的心来体会，你会发现不一样的人生。常常带着一颗虔诚的心感谢生活的赋予，感谢丰富多彩的生活，生活会赐予你更多。

以感恩的心对待得与失

生活中，一个懂得感恩的人，会用平和的心态面对事情，对待自己的得与失。懂得感恩的人看到杯子里只有半杯水的时候，会说："太好了，还有半杯水呢。"而一个总是抱怨的人，会埋怨说："哎，怎么只剩下半杯水了。"一个是因感恩而乐观愉快，一个是因抱怨而悲观失望，显而易见，两种不同的人生态度最终造就的是两种截然不同的人生。

悲观的人心理非常自私，从来不知道感恩别人，当你给他半杯水的时候，他不会感谢你，而是在想，你肯定给了别人一杯水；当老师对他的错误给予纠正的时候，他不会感谢，而在想，一定是谁在背后告我的状……这种人心中总是布满疑虑，总是对任何事情都患得患失，他们几乎从来都没有轻松和愉快过。

一个患得患失，斤斤计较的人总是喜欢用阴暗的心理去看待周围的一切，他们埋怨这个，抱怨那个，对这个不满，觉得那个不公平。他们不仅生活得很自私，而且也会很累，最终为人所摒弃。其实，我们的生活本身就是由得失构成的，关键看你如何对待，如果一个人能够在生活中把个人利益看轻一些，能够多些宽容，多些理解，多些感恩，那么他的生活之路将会越走越宽广。

美国第32任总统罗斯福就常怀感恩之心。他年幼时患了小儿麻痹，这是一件让人觉得很悲伤的事情，但是罗斯福却没有因此而悲伤，他总是保持着一种感恩的心态。有一次，罗斯福的家里被盗，被偷去了许多东西，一位朋友闻讯后，忙写信安慰他，劝他不要太在意，但是罗斯福并没有因此而生气或者伤心，他给朋友回信说："亲爱的朋友，谢谢你安慰我，我现在一切都好，感谢上帝，我认为这是一件好事，而且有'三好'，第一好，就是贼偷的是我家的东西而并非我的性命；第二好则是小偷只是偷了我家的部分东西，而不是全部东西；第三好，也是最好的一点就是，做贼的是他，而不是我。这是多么幸运的一件事情啊！"

对任何一个人来说，失盗绝对是不幸的事，而罗斯福却找出了感恩的三条理由。我们应像罗斯福那样以感恩的心去对待生活。即使是生活不公，让你不断失去，但也要心怀感激。

我们在得到的时候，大都喜不自胜，将得意之色挂在脸上；而在失去的时候，往往会神情沮丧，愤愤不平。一般来说，我们总是飘飘然于拥有的喜悦，而凄凄然于失去的悲伤。但是那些懂得感恩的人，在生活中能不把个人的得失记在心上。他们面对得失，能心平气和地接受、冷静达观地对待。

有一天，罗斯福总统的夫人在白宫宴请全国前一百名最受欢迎的女作家，众宾客在用完餐后一时兴起，遂在大厅内翩翩起舞，场面快乐极了。突然，有位冒失的女作家，竟把摆在客厅里的一个花瓶给摔破了。

"糟啦！我看这冒失鬼要倒大霉啦！……不知她要赔多少钱呢？"

"天哪！那是第一夫人最喜欢的花瓶，听说非常贵重，还是总统先生亲自在巴黎买的……"

正当宾客们议论纷纷时，那位冒失的女作家顿时面色苍白如纸："我……我……"她最后竟一句话也说不出来。

只见罗斯福夫人走到这位女作家面前，微笑着说，"请你不要放在心上。正因为它价值不菲，所以这些日子来我总是担心害怕，深恐打破了它。"接着她又温柔地说："如今托你的福，才使我卸下这个重担，我应该要感谢你才是。"

世上的事往往相辅相成：拥有当中自有失去，缺失之中又自有获取。所谓"失之东隅，收之桑榆"，有时绝望中孕育着希望，失去意味着收获。当你面对生活中的困难、不如意时，不要灰心，要保持一颗平常心，抱着感恩的心态，这样失去也会变得可爱。

得到的要感恩，失去的不抱怨，我们要永远怀着一颗感恩的心。普希金在一首诗中写道："一切都是暂时的，一切都会消逝；让失去的变为可爱。"有时，失去不一定是忧伤，反而会成为一种美丽；失去不一定是损失，反倒是一种收获。只要我们能换个角度，懂得感恩，就跨越了得失的界限，赢得了丰满人生。

笑对生活，生活就是充满阳光的

英国作家萨克雷说："生活就像一面镜子，你笑，它也笑；你哭，它也哭。"人生不可能总是一帆风顺，如果面对困境总是一味地埋怨，那么你只会因此变得消沉、毫无斗志，那为什么不对生活抱有一份感恩之心呢？幸福源于感恩。你只有用感恩的心去面对自己的人生，你才会活得快乐和幸福。也许你现在的生活并不富裕；也许你还不是一名优秀的学生；也许你的成绩还不让你满意；也许……不论什么原因，请你不要因为这些心生抱怨，怀着一颗感恩的心笑对生活吧。

当你用微笑去对待每一天，对待人生时，你每天都会有一个好心情，你会幸福地生活每一天。而如果你不珍惜所拥有的，而一味地对失去的东西满怀抱怨，你最终很可能会一无所有。

有一个"哭婆变喜婆"的故事：从前，寺庙前住着一个老婆婆，人称她"哭婆"，因为她雨天哭，晴天也哭。长此以往，众人都觉得很奇怪。有一天，寺庙里的一个和尚问她："你为什么经常哭呢？"老婆婆边哭边回答："我有两个女儿，大女儿嫁给卖伞的，小女儿嫁给卖鞋的。晴天，我担心大女儿的伞卖不出去；雨天，我又害怕小女儿的鞋没人买。所以我很伤心啊。"和尚听完，笑着劝她："那你为什么不这么想呢，晴天，你应该感谢小女儿能卖出去很多双鞋；雨天，你应该感谢大女儿能卖出去好多伞。"老婆婆听完，茅塞顿开，破涕为笑，从此以后，无论晴天雨天她都开开心心的。

是什么让一个人可以每天都开心快乐呢？答案就是感恩心态。很多时候，遇到的各种问题会让人身心俱疲，深陷其中。此时，最需要做的是调整好心态，我们永远无法控制事情，比如生老病死、挫折失败以及各种不幸的降临，但是我们永远可以选择自己的心情。无论如何，常用良好心态对待生活，也许一切都会变得简单、从容，快乐就会如影随形。

感恩作为一种积极的阳光心态，对人生起着正面引导作用。感恩可以沉淀出理性的人生，少一分挑剔，多一份适应；少一分抱怨，多一份感激，这样人生自然会快乐无穷。

古希腊哲学家柏拉图曾说过："决定一个人心情的，不是环境，而是心境。"

苏格拉底年轻时，曾和几个朋友一起挤住在一间不足十平方米的房间里，一天到晚总是很快乐。有人奇怪地问他："人那么多，屋子却那么小，你为什么还这么高兴呢？"

苏格拉底说："朋友们住在一起，随时可以交流思想、交流感情，难道这不是值得高兴的事吗？"

过了一段日子，朋友们相继成了家，先后搬了出去，小屋里只剩下苏格拉底一个人，但他每天仍然很快乐。

那人又问："现在只剩下你一个人了，多孤单呀，为什么你仍然很高兴？"

苏格拉底说："我和很多好书日夜相伴，这怎么不令人高兴呢？"

又过了几年，苏格拉底也成了家，搬进了一座楼里，他家住在一楼，条件很差，不安静，也不卫生。那人见苏格拉底还是快乐的样子，就好奇地问："你住这样的房间，也感到很高兴吗？"

"是呀！"苏格拉底说，"住一楼有不少便利之处啊！你看，进楼就是家，不用爬楼梯；搬东西很方便，不必费很大的劲……特别让我满意的是，可以在楼前楼后的空地上养一丛一丛的花，种一畦一畦的菜。"

后来，那人见到了苏格拉底的学生柏拉图，问他说："你的老师总是那么快乐，我却感到不太理解，他所处的环境并不是很好呀？"

柏拉图回答说："老师曾说过：'一个人快乐与否，主要的不在于环境，而在于心境。心境好，在不好的环境中也能快乐；心境不好，在好的环境中也不能快乐。'由于我的老师总是拥有快乐的心境，所以他总是快乐的。"

面对上天给予的种种不公，我们或许无法改变事实，却可以以一种好心态来面对它。许多时候，我们不能改变现状，但是我们能够改变自己的心态，心态变了，别人对你的态度就会变，你做事的效率就会变，事情的结果当然也会变。当你微笑着对待生活的时候，生活就是阳光灿烂的。

感恩生活，珍惜拥有

所谓幸福的人，是只记得能令自己满足之处的人；而所谓不幸的人，是只记得与此相反内容的人。每个人的满足与不满足，并没有太多的区别差异，幸福与不幸福相差的程度，却会相当巨大。

生活中，幸福的人总是把注意力集中在有益的事情上，如愉快地与他人相处，共品美味、共赏美景等，他们在享受生活；而苦恼的人总觉得生活处处不如意，难有愉快的心情。之所以如此，是因为他们不懂得珍惜。我们会感谢自己所拥有的一切吗？叔本华说："我们很少想我们所拥有的，却总是想自己缺失的。这种倾向实在是世界上最令人不幸的事之一。它带来的灾难只怕比所有的战争疾病都重大。"

其实，不管遭遇到怎样的不幸，我们都应该以感恩的心态，快乐地生活。一旦如此你就会对生活中的一切心存感激。卡耐基说："能看到每件事情最好的一面，并养成一种习惯，这真是千金不换的珍宝。"人的一生并非坦途，会有许多挫折、不幸，不幸既然已经发生了，再怎么悲伤也无济于事，而如果选择感恩的心去面对不幸，那将是最幸福的人。

史蒂芬·霍金身残志不残，克服了残废之患而成为国际物理界巨人。他的魅力不仅在于非凡的才华，更因为他是一个懂得感恩的乐观生活者。

霍金于1942年出生于英格兰。17岁那年，他在英国剑桥大学攻读完博士后，开始研究宇宙学。可年仅20岁时，他却被查出患上了会导致肌肉萎缩的卢伽雷病。他整个身体能够自主活动的部位越来越少，以致最后永远地被禁锢在了轮椅上。面对悲惨的现实，起初他打算放弃从事研究的理想，但后来病情恶化的速度减慢了，他便排除万难，勇敢地从挫折中站起来，继续沉迷于研究。23岁时，他咽喉发炎，手术后再也无法说话了。尽管身残如此，却丝毫没能阻止他在科学研究上的突飞猛进。他以非凡的意志，不断突破生命中的一个个禁区，并取得了巨大的成就。

霍金的《时间简史》出版后，在全世界造成巨大影响。《时间简史》的中文译者这样描述第一次见到霍金的情景："我看到一个骨瘦如柴的人斜躺在电动轮椅上。他要费很大的劲儿才能举起头来，他不能写字，看书必须依赖翻书器，读文献时必须让人将每一页摊平在一张大办公桌上，然后他驱动轮椅如蚕吃桑叶般地逐字阅读。"

有一次，坐在轮椅上的霍金借助电脑艰难地给听众作学术报告。在报告即将结束时，一位女记者登上讲坛，提出了一个尖锐的问题："霍金先生，疾病如此折磨您的身体，您不认为命运对您太不公平了吗？"

这显然是个触及伤痛、难以回答的问题。顿时，报告厅内鸦雀无声，所有人都注视着霍金，只见他头部斜靠着椅背，面带着安详的微笑，用能动的手指缓慢地敲击着键盘："我的手指还能活动，我的大脑还能思维；我有我终生追求的理想，我有爱我的亲人和朋友。"当人们逐渐看到了这样一段回答时，被深深震撼了，他们回应以长时间的热烈掌声，来表达从心底迸发出的敬意和钦佩。

霍金告诉记者，他比患病前更加快乐，因为他懂得感恩，找到了生命的成就感。他说："人的一生会遭遇许多挫折、不幸，不幸既然已经发生了，再怎么痛苦也无济于事，而如果选择感恩的心去面对，将会是世上最幸福的人。"

生活中，每个人都会经历各种各样的逆境和磨难，乐观者不会总是抱怨连连，埋怨运气不佳，他会感恩进取，靠自己的努力来改变现状。

生活中的智者，决不会为自己的缺失感到悲哀，而是为自己拥有的感到欣喜。我们如果愿意，大可为自己所拥有的一切而感到满足开心。不要慨叹你所失去的：亲人的过早离世，曾度过的快乐时光，舒适的生活环境……请珍惜你所拥有的：健全的思维、和睦的家庭、日趋增长的工作能力……这些都是你应该珍惜，应该谨记的。

只要我们健康地活着，就应该感谢现在拥有的一切。我们应珍惜拥有，坦然地对待人生的遗憾和挫折，前行不掇。即使荆棘丛生，也不要怨天尤人，而应将所面对的一切都视作生活的别样恩赐，衷心地说："活着真好，我要珍惜生活！"于是，一种充实感、幸福感就会永远伴随着我们。

第七章

感恩祖国，给予我们温暖的怀抱

祖国是我们的根，是我们的源。没有祖国，就没有和平的环境；没有祖国，就没有幸福的生活；没有祖国，就没有我们所拥有的一切！我们应该感恩祖国，感恩祖国哺育和呵护着我们，感恩祖国给予我们爱与温暖。感恩祖国，为把祖国变得更美好而奋斗！

感谢祖国，让我们拥有和平

唐宋时期，曾经辉煌鼎盛，被世界称为"天朝大国"。随着历史的进展，中国战争不断，渐渐落后衰败。1840年鸦片战争爆发，腐败无能的清政府惨败，把香港割让出去，上海、天津到处是外国人的租界，更令人气愤的是，在租界到处高高挂起："华人和狗不能入内"的牌子。从此，中国四分五裂，中国人无法抬头做人。

1860年，八国联军像强盗一样闯入圆明园，掠走无数奇珍异宝，然后一把大火将这座辉煌建筑烧成一片焦土瓦砾；一系列不平等的条约使中国从一个泱泱大国沦落为一只任人宰割的羔羊……更为令人愤慨的是，1937年，日本帝国主义全面侵略中国，烧、杀、抢、虏无所不为，疯狂地屠杀百姓……仅南京大屠杀就有30万中国同胞惨死在日本人的刀枪下。

面对这些耻辱，多少仁人志士、多少革命先烈抛头颅洒热血，以钢铁般的意志和无所畏惧的气概，以顽强不屈的精神和众志成城的力量战胜了帝国主义！

我们仿佛看到抗日战争的熊熊烽火，仿佛听到解放战争隆隆的炮声；无数革命先烈为拯救苦难的祖国，奋力拼杀在硝烟弥漫的战场。黄继光毫不犹豫地用自己的身体堵住了敌人的枪口；董存瑞冒着枪林弹雨舍身炸碉堡；狼牙山五壮士为了保护大部队，不惧纵身跳悬崖……

在中国共产党的领导下，中国人民经过8年抗日战争，3年解放战争，终于在1949年成立了新中国。1949年10月1日，一个震耳欲聋的声音响彻世界，毛主席站在天安门城楼上庄严地宣告："中华人民共和国成立了！"此后，中国人民自力更生、艰苦奋斗，开拓进取，经过几十年的努力，终于慢慢强大起来。繁荣昌盛的中国收回了香港、澳门，与邻国的边界问题也一一解决。新中国结束了几千年战争的历史，缔造了真正的和平。

和平的年代里，我们的生活是安定的，不用风餐露宿，四海为家，没有了离散的痛苦，拥有的是自由和欢笑。和平的年代里，每个中国人都是快乐的。然而近10年里，还有很多国家仍处于战乱之中，战乱让很多人失去了生命，让很多人沦为难民，让很多儿童成为了孤儿。看着那些还在战火纷飞中度日的国家，我们没有理由不为能够生活在和平的国家而感到自豪和幸福。

2006年，中央电视台的李小萌，为做一个关于中国维和部队的记录节目，前往非洲苏丹等地进行采访。

在她去的四个国家里，利比里亚让她印象非常深刻，因为在那里，她看到到处都是打仗的痕迹，所有的路灯都被打掉了，只剩下光秃秃的电线杆，银行只剩下个框架，就连昔日最好的酒店如今所有的玻璃都被打掉了，8层楼里住了2 000多个难民。

李小萌说："他们的生活根本看不到希望，主妇在污浊的环境中做着饭，他们的主食就是一种植物的叶子，小孩随地跑着，洗过的衣服就在地上铺开晾。这种感觉很可怕。"

有一次，李小萌在苏丹看到一个小院子，里面有一些小女孩在做饭，还有一个举着他们国家的国旗，李小萌得知这是一个女子学校后，就进去了解一下战后的教育是怎样的。可是正当她和教室里的小女孩聊着天的时候，整个学校突然乱了：正在上课的老师都在往外跑，还有的失声痛哭；门口聚集了上百人，当地警察都拿着枪……后来，她才知道，是因为她们的工作人员拿着摄像机，而学校的人都以为是什么武器，所以都非常害怕。经过多少年的战争，这里人的神经都特别敏感、也特别脆弱，一点骚动就有可能蔓延成大的事件。

李小萌从利比里亚回到祖国后发出这样的感慨："战争太可怕了！感谢祖国母亲让我们远离战争！我们真的太应当珍惜现在的和平了。"

其实在这个世界上，处于战乱中的国家还有很多很多，在伊拉克，长年的战争使得这里满目疮痍、哀鸿遍野，人们的生命随时都可能被夺去；在阿富汗，长达20多年的战火毁掉了他们赖以生存的各种物质材料。他们甚至不得不卖掉自己的孩子来换取粮食；在利比亚，很多居民为了躲避战争都离开了自己的国家，不愿意再回去。

正因为曾经体会过战争的惨痛，所以才更懂得对和平的珍惜。是祖国让我们远离了战争，是祖国让我们享有和平的生活，感恩祖国！作为生在和平年代的我们，应该珍惜现在的一切，用一颗感恩的心去面对生活，学会感谢祖国给予我们的一切！

感谢祖国，给予我们幸福生活

我们每个人的成长都离不开妈妈的关爱。我们的母亲，值得我们一生感恩、报答。可是，你是否知道，我们还有一位母亲，值得我们永远热爱她，永远报答她——对，那就是我们伟大的祖国！

祖国和我们血脉相连。《我和我的祖国》这首歌写道："我的祖国和我像海和浪花一朵，浪是海的赤子，海是浪的依托，每当大海在微笑，我就是笑的漩涡，我分担着海的忧愁，分享着海的欢乐。祖国像慈祥的母亲一样，用甘甜的乳汁，把我们喂养大。"我们要感恩祖国，是祖国养育了我们，我们都是祖国母亲的孩子，我们一旦有了危难，祖国母亲就会毫不犹豫地挺身而出。

2008年5月12日，惊心动魄的汶川大地震不幸降临。地震摧毁无数房屋，掠夺数万人的生命，一时间多少人间悲剧凄然上演：无数人无家可归，伤心欲绝……眼看着昔日美好的家园变成一堆废墟，这是多么令人痛苦的一件事啊！可是，天灾无情，人有情！

你瞧，救援的部队来了，救援的医护人员，救援的好心人来了，他们进村，进寨，进学校，进危险区域……解放军叔叔用双手挖开废墟，从一个个危险地区奋力抢救出一条一条生命！医生和护士同时间赛跑，用高超的技术解除伤员的伤病！全国各地的自愿者用自己的爱心，安抚灾区人民受伤的心灵！是他们伸出了援助之手，使我们不再恐慌，不再害怕，不再担忧。地震带给我们的是刻骨铭心的伤痛，然而来自四面八方的友爱资助，来自全国各地的爱心奉献让人感受到了人间大爱的真谛！感受到了祖国的温暖！

感谢祖国，虽然汶川大地震带来了惨痛的后果，但是在全国人民的帮助下我们的灾区人民挺过来了。我们在电视上看到了一幅幅感人的画面，尤其是当温爷爷亲自赶到现场对灾区的孩子们说"孩子们，坚强一点，我们祖国需要你们，全国人民都支持你们！"的时候，让人不由自主地想说："生活在祖国，是多么幸福啊！"

灾后的家园依然美丽，灾后的校园依然安宁，震后的人们更加坚强。我们的生活一年比一年幸福！

我们要感谢祖国母亲，是她哺育了我们，在我们无助时，给了我们帮助，给了我们无微不至的关怀，我们生活在祖国的大家庭，感到无比幸福……

生活在今天的我们，是多么的幸福呀！我们吃着可口的食物，穿着漂亮的衣服，用着精美的文具，读着内容丰富的书籍……我们不仅拥有幸福的家庭生活，还有良好的学习环境。每天我们都能坐在宽敞明亮的教室里读书，在美丽的校园里嬉戏玩耍，学校里宽阔的操场和设施齐备的活动场，更是为我们带来了无尽的快乐！一到节假日，父母还带我们坐上火车、飞机欣赏祖国的大好河山。我们在祖国的怀抱中幸福地成长。

可是，100多年前的中国人却生活在水深火热中。他们吃不饱，穿不暖，度日如年，穷困潦倒。在那黑暗的旧社会，穷人家的孩子，时常衣不遮体，被寒风吹得缩在路边。他们只能在梦中背着书包去上学。小时候，我们会觉得是爸爸妈妈给我们爱，使我们的生活这样幸福。现在我们理应懂得，是因为我们强大的祖国，我们才有了幸福无比的生活。

感谢你，亲爱的祖国！是您让我们有了现在的幸福生活。我们的幸福来自祖国，只有国家富强，我们的生活才能更加美好。我们应心怀感恩，加倍努力地学习，将来把祖国建设得更加富强！使我们的生活更加幸福！

感谢祖国，赋予我们自豪感

中华民族，悠悠千万载，上下五千年。回首过去，我们为悠久灿烂的历史文化感到骄傲。阅读那一篇篇哲理故事，吟诵那一首首优美诗篇，就仿佛是在和古代智者对话，是在用手指触摸中华民族的文化脉搏。

让我们自豪的不仅是历史文化，更是祖国的一草一木，一山一水。在我们很小的时候，就从纸拼图上认识了伟大的祖国。知道了长城的雄伟壮观，故宫的金碧辉煌；认识了鱼米之乡的江南，了解了万里雪飘的北国！带着一种民族自豪感，中国人民创造了新的辉煌。

在1984年7月29日，许海峰在洛杉矶奥运会上为中国赢得了第一枚奥运会金牌。中国为之沸腾了。从此，金牌成为了国家荣誉的象征。

一块金牌，蕴含着无数的心血，为了一块金牌，多少人屏息凝神，多少人挥洒着汗水和泪水。2008年8月8日的北京奥运会上，中国奥运健儿顽强拼搏，勇夺金牌，让五星红旗51次飘扬在赛场上空。把自豪感镌刻在每个中国人的心中！

2008年9月25日，"神舟七号"载人航天飞船向神秘的宇宙进发。当航天员翟志刚顺利出舱时，我们欢呼，为五星红旗能跟着神舟飞船遨游太空而欢呼；我们骄傲，为中国能迅速崛起于世界而骄傲。

2010年上海世博会的成功举办，展现了我国强大的经济实力，让全世界看到了在中国发生的翻天覆地的变化。全国人民激动万分，我们为自己是中国人而自豪！

这一切的一切证明着我们祖国的强大和繁荣，证明着我们的祖国正在意气风发地向着一个崭新的时代迈进！中国的脊梁已不是弯曲的，而是顶天立地，自豪地挺立着。祖国让我们有了尊严，我们为祖国感到无比骄傲，无比自豪。

在利比亚发生内乱后，为了让在利比亚的所有中国人能够安全回国，我国驻科威特大使王瑞正亲自赶往突尼斯指挥撤离工作，参与完成了我国1万多人乘包机回国的任务。王瑞正说：在那8天里，我遇到的人和事，看见的情和景，在脑海里最终汇成了一句话——"祖国让我们有尊严"。

那段时间，不仅仅是王瑞正有这样的感受，几乎所有参与撤离工作的人员都为祖国而骄傲和自豪。

参与撤离工作的王建动情地说："一从利比亚进入突尼斯，边界就有使馆的人在等，路边有旅游车在等，到饭店有床在等，到机场有包机在等。环视四周大批无所适从的各国难民，由衷感到作为中国人的尊严和体面！此时此刻，祖国不再是一个概念，而是心中最坚固的靠山！"王建抑制不住自己的激动心情，继续说道："由于中国的国际地位日益提高，外交官办事容易得多，机场专门为中国人开辟了绿色通道、给予了特殊的礼遇，黑头发、黄皮肤一时成了'特别通行证'，一些与中国人长相近似的亚洲国家侨民也凭借长相优势，'冒充'中国人加入到我们的队伍里，顺利进入候机厅。当他们登上自己国家的飞机时，友好地向中国公民的撤离队伍招手，用不太标准的汉语说'你好''再见'，羡慕之情溢于言表。其中有一位印尼人对我们说：'虽然我不是中国人，但我为你们中国人感到自豪，因为你们有一个强大的祖国做后盾，我羡慕你们！'"

中国的国力日益增强，中国的国际影响日益明显，中国的国际威信日益强大。凡是走出中国国门的人，无不自豪地对外国人说："I am Chinese!"正是因为有了祖国的强大，才有了我们今天的民族自豪感。作为中国人，不论我们身在何方，都要记住，自己的命运和前途与祖国息息相关，我们没有理由不感谢祖国让我们有了自豪感，没有理由不为我们的祖国尽心尽力，好好学习，好好生活。

祖国啊，您是冉冉升起的旭日，您是不断腾飞的巨龙，我们为您繁荣昌盛的风貌感到自豪！今天，我们要努力学好本领；明天，我们要为祖国的发展贡献力量。今天，我们为祖国而骄傲，明天，我们要让祖国因我们而自豪。

为把祖国变得更美好而奋斗

新中国成立后，无数先辈为了祖国的强大，奋斗不懈，作出了可歌可泣的贡献。为了祖国的腾飞，有多少人付出了一切，甚至宝贵的生命！

"两弹元勋"邓稼先是值得我们铭记的人。26岁的他博士毕业后毅然放弃在国外优越的条件，毅然回国，1958年，他选择了消失，来到了生活条件恶劣的戈壁滩，为祖国国防事业默默奉献着自己的青春。白天的戈壁滩酷热无比，而晚上又刺骨般地冷。他在如此恶劣的生活条件下，成功地领导了原子弹氢弹的发射。

邓稼先的事迹，令我们深受感动。他连续8年在茫茫戈壁工作，无私地付出，只为祖国最尖端领域的科研；他15次在现场领导核试验，更是因此造成癌细胞扩散，他毫无怨言……即使是临终，他留下的话也是："不要让人家把我们落得太远……"

雷锋在自己平凡的岗位上默默坚守，无私奉献，像一颗螺丝钉一样地回报祖国。"杂交水稻之父"袁隆平不惜流血流汗，为我们这个人口大国解决粮食问题，以此来回报自己的国家。

这些人永远活在我们心中。我们要学习的，就是他们那种甘于平凡、乐于奉献，面对逆境不屈服，面对成绩不骄傲的精神。这样的人，也应该成为精神楷模，供我们瞻仰、学习。

现如今，我们生活在一个和平的年代，仍然有许多人物许多事迹让我们感动。郭明义是新时代的楷模，他的事迹值得我们深入领会与学习。

郭明义出生于1958年，1982年当兵复员后到齐大山铁矿工作。先后获部队学雷锋标兵、全国无偿献血奉献奖金奖、中央企业优秀共产党员、全国"五一劳动奖章"等荣誉称号。

郭明义连续16年为失学儿童、受灾群众捐款12万元；55次无偿献血，挽救数十人的生命，20年乐此不疲……

当郭明义在报纸上得知嘉祥县一农家喜得五胞胎却无力抚养时，他想都没想，赶到邮局把手头仅有的300元钱汇了去。从此，给五胞胎汇款从未间断过。

2005年夏天，郭明义得知了苦孩子杨斯雯的遭遇：出生不到3个月，父母就离异相继出走。小斯雯一直和体弱多病的奶奶相依为命。郭明义立即承担起她的学费。学费有了着落，但小斯雯生活还是异常艰难。为省下每天二三元的午餐费，每天中午奶奶都要骑自行车走很远，把小斯雯接回家吃饭。冬天寒风呼啸，滴水成冰，路面像镜面一样滑，祖孙俩记不清摔过多少次。郭明义听说后，又解决了小斯雯的全部午餐费。

捐出钱物，助人渡过暂时的难关；捐献热血，挽救他人垂危的生命。至今，郭明义已经55次献血。

30年来，郭明义几乎将所有的奖金、补贴、加班费等，连同各种奖品、慰问品全都捐了；甚至连妻子每月给他的零花钱，他也省下来都捐了……

"有人觉得存款多、房子大是财富。可我觉得只享受物质财富，得不到真正的幸福；如果用来帮助困难群众，就会带给更多人幸福。对我来说，这55本献血证、200多封感谢信，就是对我最大的奖赏。"郭明义发自内心地说。

从百里钢城出发，郭明义像爱的使者一路播撒阳光，传承雷锋精神，汇聚一切爱的力量，让鞍山，让辽宁，让全中国永远是和谐的春天！

俗话说："滴水之恩，当涌泉相报。"面对祖国的哺育之恩，英雄楷模们用他们的生命和鲜血来感谢祖国，回报祖国。

回报祖国是我们的责任。昨天的中华巨龙，先辈们舞起来了，那么明天的巨龙谁来舞？明天的太阳谁来托？是我们！我们是祖国的骄子，是新时代的主人。我们要有理想，有抱负，立志为祖国更加灿烂的未来而奋斗，这是历史赋予我们义不容辞的责任。让我们用一颗感恩的心以实际行动报效伟大的祖国！

回报祖国需要我们从身边的小事做起，作为一名学生，我们应该从上好每一堂课开始，从帮助身边的某一个同学开始，从尊敬自己的老师开始，从孝敬自己的父母开始。让我们都用实际行动投入到回报祖国中去，从自我做起，从身边的小事做起，从现在做起。

我们新时代的少年，应抓住分秒时光刻苦学习，拼搏进取，成为祖国的有用人才，用自己的心血与汗水浇灌祖国，用非凡的成就来回报伟大的祖国。让我们为祖国建设奉献自己的一切！为祖国崛起而奋斗！

第八章

感恩自然，给我们带来多姿多彩的世界

感谢大自然，给了我们生命之源。自然供给我们土地，让我们生生不息；给予我们阳光，才有了温暖无比的日子；树木花草和飞禽走兽，让我们有了美的享受，懂得了互相关爱。感谢大自然，赐予我们一切的美好。让我们用一颗感恩的心去面对自然，拥抱大自然吧！

感恩四季，带来一片新天地

在生活中，我们有各种各样的感恩之情……感恩之情太多了，以至于容易忽略对大自然的感恩，大自然赋予我们的真是太多了。山的雄奇，水的柔美，蔚蓝的天空，碧绿的草地……这一切带给我们最纯真的自然之音，带给我们无限美好的遐想。

大自然的每一个细节都会带给我们心灵的悸动，而最可贵的是给了我们四个无比美丽的季节。感恩四季，感恩那春天的草长莺飞，夏天的绿肥红瘦，秋天的硕果累累，冬天的白雪皑皑。

生机勃勃的春天来了，一夜之间整个世界焕然一新。嫩绿的小草渐渐地从土里探出头来，感受春天的第一缕阳光，第一滴雨露。春天的清晨，当七色光洒入卧室，欢快的小鸟把你从梦中唤醒，你推开窗户，放眼蓝蓝的天，绿绿的草，晶莹剔透的露珠，含苞欲放的花朵，你感谢自然给予一个清爽的早晨，一个美好的开始。

如果你坐在教室里朗读课文，你会感觉浓厚的春天气息：春风不时地给你送来几缕清香，鸟儿也会来为你歌唱。如果你用心去听，你可能还会听到枝头抽出新芽的声音，那就是最和谐完美的表达，恐怕只有懂得感恩的人才能够体会得到。

夏季，桃红柳绿，绿树成荫。草儿越发浓郁，树叶更加茂盛，花儿也更是盛情绽放。夏天是属于太阳和雨水的，它们总是在不停地交替出现。夏天的雨释放着无限的热情，轰隆隆的雷声，像一首奏鸣曲的开端。夏天的雨穿着飘逸的衣裙，在天空中跳起绝美的舞蹈，投入大地怀抱时发出清脆的回响，幽幽地回荡在山谷中。它用自身之纯净，来为世间万物洗去灰尘，冲去污秽，让天地间充满清净和谐之气。我们感谢每一场雨，感谢它为我们洗去心灵的浮躁，带给我们平和的心境。

雨后的夏天，如果你走向池塘边，是一番"接天莲叶无穷碧，映日荷花别样红"的景象。荷花是夏天的灵魂，她凭着自己"出淤泥而不染，濯青莲而不妖"的纯洁，让其他的花都望尘莫及。荷花懂得珍惜自然的赐予，带着一颗感恩的心，开得越发鲜艳多彩。走近荷花，你会感到心中是那么宁静，没有任何烦恼，只有一缕淡淡的幸福，带着一丝若有若无的芬芳……

秋季，天高云淡，瓜果飘香。在这个季节里，我们尤其需要感恩：感恩自然赐予的累累硕果。秋天，你走进田园，只见柿子像一个个小灯笼挂在树梢，把树枝压弯了腰；田里的水稻颗粒饱满、黄得耀眼……秋天的天空是碧蓝色的，蓝得空旷，使人感到秋天独有的空间美。秋天的落日是暖暖的，一道道绚丽的晚霞染亮了天空，那片片凋零的树叶，像一只只蝴蝶，在空中翩然起舞。

秋天里，走进山间，去感受一下大自然。四顾奇峰罗列，沟壑纵横。靠近水，只见"涧中泉声沸然，悬水百仞，可喜可畏。"抬起头，"落霞与孤鹜齐飞，秋水共长天一色"的情景让人陶醉，心灵也随着鸟儿飞向远方。聆听自然间美妙的音乐，感觉烦恼被风吹散了，压力被水穿透了，紧张感被小鸟衔走了，心情顿时轻松释然。感恩秋天，是秋天缓解了我们的压力，使我们获得闲适的心境。

冬天来了，银装素裹，大雪纷飞。真有"忽如一夜春风来，千树万树梨花开"的意境；又让人不禁发出"北国风光，千里冰封，万里雪飘，望长城内外，惟余莽莽"的感慨。是啊，冬天是个清爽的季节，是一个纯洁的世界，最美的景象就是下雪了。漫天的大雪飘在空中像翩翩起舞的少女，像你追我赶的嬉戏孩童，像相依相伴的情侣，诠释着冬的魅力。

四季的景色无法用语言形容，它的美需要我们投入它的怀抱，全身心地领悟。一年因为有了四季，才会让我们明白花开花落、春播秋收、四季轮回的人生哲理。感恩四季，是她丰富了我们的视野，让我们拥有了宽广的胸襟，无限的遐想，我们的生活在四季轮回中变得充实和美满。

感谢四季，给我们带来多姿多彩的生活！感恩四季让我们在感受自然之美的同时，也感受到了生命的真谛。

感恩太阳，带给我们温暖

世上最重要的是什么？最无私的是什么？答案是——太阳！太阳将光芒毫不吝啬地洒向每个人，洒向全世界，指引着人们前进，给予人们希望与动力。有了太阳，禾苗花木繁茂生长，欣欣向荣；有了太阳，鸟、兽、虫、鱼才能繁衍不息；有了太阳，人间充满温暖和光明，人们便有了希望，便有了理想的生活。

1972年，新加坡旅游局给总统李光耀打了一份报告，大概内容是说，我们新加坡不像中国有长城，不像埃及有金字塔，不像日本有富士山，我们新加坡可以说，除了一年四季直射的阳光，什么名胜古迹都没有，要让我们发展旅游事业，实在是无能为力。

李光耀看过报告后，非常生气，他在报告中写了这样一行字："你想让上天给我们多少东西？有阳光难道还不够吗？"

果然，新加坡抓住了上天给予自己的阳光，他们利用一年四季直射的阳光，种花植草，在很短的时间里，发展成为世界上著名的"花园城市"，连续多年，旅游收入列亚洲第三位。

太阳有着普照万物的无私。它带给人温暖，光明，希望，永恒。有了太阳，才有美好的世界。在阳光的怀抱里，我们就是最幸福的人。让我们对阳光说声"谢谢"吧。

清晨，橘红的太阳慢慢露出羞涩的脸庞，不一会儿，它射出第一缕阳光。那缕缕灿烂的阳光照在人身上，温暖无比，让人充满了新的活力。渐渐地，太阳升高了，仰望明亮的天空，阳光放射出绚烂的七彩光芒，如同最温柔的爱抚，幻化成最美妙的感觉和最奇异的色彩。

初春，当一道金色阳光从东方升起时，万物开始复苏。大地就如同沐浴了一场阳光的洗礼，让人们切实感到春天来了。所以我们感谢阳光，因为它带来了生机勃勃。

夏日里的阳光是炙热难耐的，但它却让向日葵开出最灿烂的花朵，让夏日里的荷显得更加多姿，让热爱生活的人们更加活力满满，它是那么的富有热情与活力。

秋日的清晨，一缕阳光撒在厚厚的金色落叶上，让人感到凉爽却不乏温暖。宁静的街道上溢满了树叶与阳光的味道，真是一种享受。我们感谢阳光，因为它带给人惬意。

冬日里的阳光是人们最喜爱的，明媚的阳光普照着大地，给冬日的大地带来了一丝暖意。使人间了充满温情。我们感谢阳光，因为它带给我们温暖。

阳光是我们最好的朋友。它带给我们光明，温暖，热情。阳光是一束鲜花，让人闻到芬芳；它是一杯美酒，让人品味香醇；它又是最好的安慰者，让伤心的人感到愉快，让丧气的人看到希望。

一个身患重病、常年躺在病床上的男孩，心情绝望到了极点，他的眼里只能看到白，白色的墙壁，白色的被单，穿白大褂的医生……死亡的脚步迫近时，他想到了自己在阳光下快乐生活的日子。于是，在护士的陪同下，他又看到了那明媚的阳光。他伸出双手，虔诚地将阳光捧到胸前，深情而缓慢地说："我感谢阳光。"

其实，我们每个人都应该感谢阳光，是它照亮了每一颗黑暗的心，温暖了每一颗冰冷的心，抚平了心灵的创伤。从此我们便不再惧怕黑暗与邪恶，而是勇敢地站起来，奋力前行。阳光永远不会逝去，它一直陪伴我们，让心灵沐浴在光明、温暖与爱之中。

让我们满怀着一颗感恩的心接受阳光的润泽吧！既然接受了它的恩赐，我们应用真诚的心感恩它，回报它——像它一样地执著，像它一样地付出。

我们珍爱被它抚摸过的一草一木。我们会将那断折的小树扶起，抹去它的泪痕，让它向着太阳生长；我们会微笑着扶起摔倒的孩子，拍去他身上的灰尘，像太阳一样地关爱……我们会把感恩之情献给阳光，献给它爱的一切。

感恩之心是我们每个人不可或缺的阳光雨露。沐浴在阳光的温暖之中，常怀一颗感恩之心，即使卑微如小草，也自有小草的芬芳；即使渺小如水滴，也会全身折射阳光。

感恩土地，给予我们生存的根基

"为什么我的眼里常含泪水？因为我对这土地爱得深沉……"著名诗人艾青的呼唤震撼着每个人的心灵。土地是万物土地是万物之源，是一切的根本，世间的万事万物都是因为有了土地才能生长、繁殖，人类更是因为土地而生生不息。所以，我们一定要记得感恩土地。

对土地感恩、对土地崇拜，一直是古代中国人的优良传统：东周时期的晋国公子重耳在亡命逃难途中仍然向土地跪拜，携土块奔命……在北京地坛，明清历代皇帝每年都要在这里举行规模盛大的祭祀活动，以示对土地的尊重。历史进展到现在，对土地的感恩之情理应为我们所继承。崇拜土地、感恩土地就是我们生命的一部分。

有一天，妈妈告诉女儿，世界上的任何东西都来源于土地，女儿疑惑地问："真的吗？"妈妈回答："当然了。"

"那房子也来源于土地吗？"

"是啊，房子由砖头砌成，而砖头是用泥土烧制的。"

"那桌子也来源于土地吗？"

　　"是啊，桌子是木材做的，而树木生长在土地上啊！"

　　女儿不服气，于是指指她穿的塑料凉鞋，说："它总不会来自泥土吧？"

　　"孩子，塑料是石油做的，石油蕴藏在土地里啊！"

　　"啊?! 塑料竟是石油做的，也与土地相关！"

　　妈妈深情地对女儿说："就连我们人类其实也来自土地啊，没有土地我们从哪里得到食物呢？所以说，我们要感恩土地，珍惜土地。"女儿懵懂地点点头。

　　人类的命脉和土地是连在一起的，我们生命的根深扎在土地之中，土地给我们提供生活的空间，让我们有自己的家。土地给我们充足的物资，让我们有生长的营养。我们应由衷地感恩土地。感恩土地，就像感恩母亲。土地是万物之母，她辽阔广袤，无私付出，不求回报地滋养哺育着人类。我们在土地里播下一粒种子，她回报给我们的却是一堆果实。

　　啊，土地，人类的母亲，人类的英雄，我们永远感谢你！哦，亲爱的土地，我们除了感恩，还得谢罪！土地默默付出，甘于奉献，但是人类却贪得无厌，对土地不断地索取，索取无度，最终破坏了万物之母——土地，也害了我们自己。

　　目前，我国土壤的总体形势不容乐观，由于森林遭到乱砍滥伐，导致大量水土流失。部分地区土壤污染严重，在重污染企业或工业密集区、工矿开采区及周边地区、出现了土壤重污染区和高风险区；土壤污染类型多样，呈现出新老污染物并存、无机有机复合污染的局面；土壤污染途径多，原因复杂，控制难度大；土壤环境监督管理体系不健全，土壤污染防治投入不足，全社会土壤污染防治的意识不强；由土壤污染引发的农产品质量安全问题和群体性事件逐年增多，成为影响群众身体健康和社会稳定的重要因素。

　　据估计，我国受农药、重金属等污染的土地面积达上千万公顷，其中矿区污染土地达200万公顷，石油污染土地约500万公顷，固体废弃物堆放污染土地约5万公顷。土地污染已经对我国生态环境质量、食物安全和社会经济可持续发展构成严重威胁。

如今，我们的生活水平日益提高，可被物质诱惑的心灵却忘了最大的恩人——土地。忘记了她的辽阔，忘记了她的宽广和无私，我们只知道拼命地向她索取……我们使土地在荒芜，沙漠在扩张，殊不知，如果再不珍惜土地，等待我们的终将是毁灭。

庆幸的是，我们人类已经开始懂得感恩土地，知道土地对我们的重要性，正在想尽办法拯救我们的土地母亲。我们奉献出了虔诚的爱心，珍惜土地、节约土地、合理利用土地，让流失的土地不再流失，让污染的土地不再被污染，让肥沃的耕地不再被胡乱占用！为了天更蓝水更清人更美，为了我们自己，一定会倍加珍惜土地！

让我们携起手来，怀着感恩的心去珍惜土地，去呵护土地，只有这样我们才能永远屹立在这片辽阔的土地之上。

感恩植物，带给我们美的享受

植物是我们生活中不可缺少的，没有植物就没有空气，我们也就无法生存；没有植物就没有粮食，我们就无法生活……感谢绿树，制造出源源不断的氧气；感谢鲜花，用五彩缤纷点缀生活；感谢植物，让我们用心灵去感受它的美好……

竹的高洁能净化心灵，它伟岸的身躯，凛然的傲骨让人肃然起敬。"根扎大地，渴饮黄泉，未及出土便有节；枝横云梦，叶拍苍天，及凌云处尚虚心。"竹，是人们精神的寄托，它那高洁的品质让人感动。"独坐幽篁里，弹琴复长啸。"走在竹林中，细细品读它，能不醉，能不痴吗？

同样让我们无限欣赏的，是梅的冰清玉洁。当万物凋零时，梅却绽放了。"遥知不是雪，为有暗香来"梅不畏艰险地抵御着严寒，纵然身上已落满积雪，它仍然伸长根系，吸收养分，带给人芬芳的气息。"零落成泥碾作尘，只有香如故"落在地上，人们虽然践踏了它，它们将化为泥土，化为肥料去滋养树木花草，让另一种植物蓬勃生长。末了它仍不忘给人们带去阵阵芳香。它的自强也令人感动。"宝剑锋从磨砺出，梅花香自苦寒来"它艰苦奋斗、自强不息的精神令人赞叹。一枝独秀的梅花，在冬天里更是显得耀眼，梅花的美丽和耀眼不限于它的芳香，更重要的是它有一颗感恩的心，是感恩让它不畏困境，迎寒而生，展现着生命的顽强。

大自然的伟大在于它拥有的植物让我们感动，让我们平淡的生活变得绚丽。法国杰出的思想家、作家卢梭认为，在瑞士的比埃纳湖圣皮埃尔岛度过的日子，是他一生中"最幸福的时光"。卢梭闲适地尽情采集植物标本、观察美妙的自然风光。他在大自然的怀抱中沉思默想，摆脱了曾经的苦难，对未来毫无牵挂，整个身心完全沉浸在美好当中，领略着"一种充分、完满、丰盈的幸福"。这一切都让我们明白，与植物离得越近，得到的心灵享受越多。有时候我们不妨张开双臂，去拥抱一棵郁郁葱葱的大树，让呼吸与青翠枝叶的吐纳融为一体。让自己像安静生长的树木那样，沐浴在阳光下。

田野外山顶上，一棵棵树连在一起，就形成了森林，这是一汪绿色的海洋，格外养眼！人会因为这绿色而格外幸福、陶醉。走进森林就犹如走进仙境，让人心旷神怡。森林有"城市之肺"的美誉，它呼出的是氧气和水分，吸纳的则是尘土、废气等污染环境的物质。森林是天然制氧厂，据测定，树木每吸收40克的二氧化碳，就能排放出30克氧气。而且，森林还具有防风减灾、保持水土、消除噪声、调节气候等功能。树木能分泌出杀伤力很强的杀菌素，杀死空气中的病菌和微生物，维护人类的健康。另外，森林的污水净化能力也很强。

森林赐予我们太多，但人们却乱砍滥伐，使得森林减少、水土流失。植物给予我们生命，给我们温暖、安全、香醇、舒适，可是我们从来也不认为需要感谢它，越醒悟到这一点，我们越是心中有愧。

我们每个人都应该感谢花草树木，保护植物、保护大自然！或许你可以们亲手栽上一棵树，让自然多一份新绿，少一份荒芜；或许你可以废物利用，使自然摆脱白色垃圾的污染；或许你还可以写一份倡议书，号召更多的人热爱自然，保护自然。有了植物，也便有了绿色，有了绿色，便有了怒放的花朵，有了绿色，便有了健康的生命、美丽的家园。

只要我们每个人都撒下绿色的种子，每个人都献出一份爱心，植物就能走进城市，绿色就能融入生活！

感恩动物，让我们懂得关爱

动物是人类的朋友，我们确实应该感恩动物。古往今来，动物对人类的贡献数不胜数。动物不仅帮助人们脱离险境，还启示人们发明创造；熊猫"团团圆圆"更帮助两岸人民沟通情感。有时，我们还需要动物为医学作贡献，比如医学解剖，药物试验，都要用到动物们。据说，那些实验师们总是把实验用的动物尸体埋在特定的地方，并为它们树碑纪念，对它们心存感激。感谢动物，感谢它们默默地陪伴着我们，感谢它们给予我们的无私帮助。

世上的每个生命都是平等的，动物和我们一样拥有生存的权利。人类世界因为有了动物而更加温情，它们给我们带来巨大的帮助。对于动物，我们应怀有一颗感恩的心。

三国时期，住在襄阳的李信养了一只名叫"黑龙"的狗，"黑龙"平时和李信形影不离，非常友好。一天，李信带着"黑龙"进城，因为喝了很多酒，在回家的路上，李信倒在城外的草地上睡着了，这时，襄阳太守郑瑕正好在附近打猎，由于杂草丛生，难以看清猎物，于是他命人烧荒。很快，火随着风势就蔓延到李信的身边，而烂醉如泥的李信根本没有察觉。

在此关键时刻，李信身旁的"黑龙"疯狂地叫喊着，它拖咬着主人，但是怎么都无法把主人叫醒，也移不动，情急之下，"黑龙"看到不远处有一个小溪，机智的它跑过去跳入溪中，将身体浸湿后，飞奔回醉睡的李信身边，抖落皮毛上的水将李信的衣服和周围的草弄湿，往返多次后，李信得救了，但是"黑龙"却因过度劳累而死在了李信的身旁。火没有烧到李信，待李信醒来之后，明白了发生的一切，扑在"黑龙"身上痛哭不止。太守郑瑕听到这件事，感叹道："狗比人更懂报恩，人要是知恩不报还不如狗呢。"后来，人们择了个吉日厚葬义犬"黑龙"，并在高坟上立碑"义犬冢"。

"黑龙"的知恩图报，让我们感慨万分。动物们以自身的忠诚向人类宣扬关爱与善良的德性，感谢动物们净化了人类的本能良知，它们令我们反省与思考。

动物给我们提供了各种帮助和关爱，无私地给予我们，可是我们对它们又做了些什么呢？近百年来，由于人类对资源的不合理开发，加之环境污染等原因，地球上的各种生物及其生态系统受到了极大的冲击，生物多样性也受到了很大的损害。有关学者估计，世界上每年至少有5万种生物物种灭绝，平均每天灭绝的物种达140个，估计到21世纪初，全世界野生生物的损失可达其总数的15%~30%。在中国，由于人口增长和经济发展的压力，对生物资源的不合理利用和破坏，生物多样性所遭受的损失也非常严重，大约已有200个物种已经灭绝；大约还有398种脊椎动物也处在濒危状态。

以德报怨的结果最终只能导致两败俱伤，试想一下，如果生活中没有了动物的陪伴，我们的生活将会怎样？或许是一片死寂，或许是冷酷无比……没有了动物，人类将无以生存，而自然界美好的一切将灰飞烟灭，相信这不该是我们所希望的结局。所以，我们应该清醒了，应该尽到一份爱心，付出一份关爱，最终让动物真正与我们成为知心朋友。

我们应教会孩子关爱动物，把爱护小动物作为对他们进行"善良教育"的第一课。要知道，一个人如果小时候连动物都不知道爱护，长大了心地也不会善良。一个连动物都不爱、甚至喜欢虐待动物的孩子，是不可能有爱心的。孩子对动物的爱，是同情和怜悯的最直接的表达，孩子们学会了热爱动物，才会更加关爱人类，关爱自然。只有让孩子懂得关爱，发展才会更有希望。

我们可以鼓励孩子去"领养"动物，或者拯救那些濒临灭绝的珍禽异兽。家长应教孩子呵护家里的小动物，并耐心地教孩子学会喂养，让孩子在亲自照料这些小动物的过程中学会体恤弱小。通过这些实实在在的活动逐渐培养孩子的善念和爱心。

感恩我们身边的动物吧，谢谢他们给予的帮助，谢谢它们唤醒了我们的爱心。感恩的最好方式就是善待，就是关爱，让动物成为人类的好朋友。

▶ 中篇

励志—— ▶ ▶ ▶
激发创造热情，成为生活的强者

励志是为了激活中小学生的内在潜能，唤醒其创造热情，进而培养出创造力。励志的目的，就是发掘出自身的力量，让人奋勇向前，让人真正获得尊严和自信。励志教育可以唤醒中小学生的信心，让他们敞开胸怀接纳命运赋予自己的一切，化悲伤为力量、从曾经的挫折中汲取智慧和勇气，然后用这些力量自强不息，从而改变自己的未来。

第一章

树立信念，认为自己行的人一定行

自信能产生神奇的力量，是赢得一切的根本。任何时候，我们都要学会自我激励，一直用必胜的信念引领自己前进。赞赏可以增加自信，促进发展。为此，家长应多赞赏鼓励孩子。这能使孩子树立战胜困难的信心。在成长的道路上，如果能与自信同行，就能更好地发展。

信念可以产生无限的力量

奥格·曼狄诺指出：成功者的态度包含众多的因素。但是，最重要的是具有信念。每一个人都会有自己的信念，信念就是牢固的观念或者说是对事物习惯性的看法。当你坚信某一件事情的时候，就无疑给自己的潜意识下了一道不容置疑的命令，有什么样的信念就决定你会有什么样的力量。

人的信念就是如此神奇，它拥有一种由愿望产生的力量，因为愿意相信才会相信，希望相信才会相信。而只有拥有了坚定的信念，才能运用这神奇的力量。曾获得诺贝尔文学奖的法国作家杜伽尔说："我力量的真正源泉，是一种暗中的、永不变更的对未来的信心。甚至不只是信心，而是一种确信。"当我们选择了有益于人生的信念后，可以极大地增强我们的精神动力，促使我们具有超常的承受力、忍耐力，帮助我们在人生的路途中战胜困难走向胜利。

在进入美国著名的通用公司之前，罗杰·史密斯只是一名普通的财务人员。他初次去通用公司应聘时，招聘人员告诉他，工作很艰苦，对一个新人会相当困难。他信心十足地对接见他的人说："工作再棘手我也能胜任，不信我干给你们看……"

在进入通用公司工作一年后，罗杰就告诉他的同事，"我想我将成为通用公司的董事长。"当时人们对这句话不以为然，甚至嘲笑他自不量力。可令人们没想到的是，若干年后，罗杰·史密斯真的成了通用公司的董事长。

每个人的身上都蕴藏着巨大的能量，同时也蕴藏着信念。与金钱、学历、出身相比，自信是更有力量的东西，自信心犹如能力的催化剂，它可以将人的一切潜能都调动起来。如果有了信念，平凡的人也能够排除各种障碍、克服种种困难做出惊人的事业。信念不坚定的人，即使有非凡的才干、优良的天赋，也终难成就事业。如果我们能把潜藏在身上的自信挖掘出来，相信自己的才能并不断努力的话，最终必能做出一番令人赞赏的业绩。

林书豪1988年出生于美国加州，祖籍中国福建。他是首位加入NBA的美籍华人。林书豪的NBA道路并不顺利，曾先后被金州勇士和休斯顿火箭裁掉，之后签约纽约尼克斯队。进入尼克斯队后，林书豪拼命抓住机会，奋力搏杀，取得辉煌的战绩，他还带领尼克斯队一举拿下七连胜，创造了NBA的记录，真是堪称奇迹！

林书豪的成就不是偶然的，有着坚定的信念才是他成功的根本原因！

大学篮球队的训练使他有机会加入NBA。在NBA集训营中，林书豪的表现不是很好，他甚至对自己失去了信心，整天担心被淘汰。一天他禁不住在日记上宣泄："我觉得人生快完了，我彻底对篮球失去了信心，篮球对我毫无意义，我不想再参加任何比赛了。"

就在林书豪快要崩溃的时刻，一种神奇的信念将他的灵魂唤醒，他说："我突然明白了，篮球对我来说其实非常重要，已经成为了我的信仰。那时我开始发现，我最需要的是信仰。"那天晚上，他写了一张纸条贴在床头，上面是这样写的：要相信自己，然后全力以赴！此后，他每天都要看上几遍。

就这样，每当他快要失去信心时，他就会提醒自己，篮球是人生中最重要的事情，任何时候也不要放弃。在每场比赛之前，他都会对自己说："即使没人相信你了，你也不能对自己绝望！"

林书豪带着坚定的信念投入到刻苦的训练中，信念调动潜能，促使他最终发挥出了超高水平，顺利通过一场场的考验。

他果然做到了大家认为不可能的事。他用自己的方式书写着奋斗史，其中或可模仿，或不能复制，但相同的是，他始终秉承了一种信念，相信自己一定能成功！

"找到一个正面的信仰，并且真心相信它。"林书豪深有感触地说。

林书豪的经历告诉我们，信念可以产生无限的力量，只要你好好利用它，就可以把梦想变为现实。在遇到艰难险阻的时候，我们一定要坚守信念，对未来有信心，要坚信成败并非命中注定，也并非不可改变，只要拿出实际行动，就能克服一切困难，达成目标。

自信是世上最伟大的力量，信心是赢得一切的根本，西点军校的克里斯曼中将曾经这样说过："信心比西点军校的毕业证书更重要。"在人生的道路上，如果能与自信同行，就能更好地生存和发展。任何时候，我们都要学会自我激励，坚定自己的信念。心中默念：我想我可以，我可以坚持下去。一直用必胜的信念引领自己前进，就能一直以昂扬的状态到达胜利的彼岸。

相信自己能，便会无所不能

美国作家爱默生说过："自信是成功的第一秘诀。"所谓自信，即自己相信自己，是人赞赏、重视、喜欢自己的一种有益态度。谁拥有了自信，谁就成功了一半。

如果你认为自己会失败，那你就已经失败了；如果你认为自己注定是一个不平凡的人，结果常常会成就一番事业。一个人的"认为"，就是心里对自己说的话。相信自己能的人，他的潜意识会把成功的信念变成成功的行动；

说自己不行的人，他的潜意识也会把他自卑的念头变成失败的行动。

说自己行的人，在积极心态的支配下，不论遇上什么困难和挫折，都能坚持到底，永不放弃。东方歌舞团音乐总监，著名作曲家卞留念说："如何才能树立自己的影响力？自信第一位的。你要有一种自信，你要认为自己是最优秀的！是的，你甚至可以认为自己就是一个英雄！"在成长之路上，我们绝对不能缺少自信。家庭教育的首要一点，就是培养孩子的自信心。

邵亦波1973年出生于上海，大学毕业后创办了易趣有限公司，在易趣被eBay收购后，出任eBay全球副总裁。邵亦波的成就与爸爸的培养是密不可分的。

邵亦波的爸爸邵振平是中学的数学老师，他教给邵亦波的终生受用的东西是自信。他让邵亦波从小就树立对自己的信心，相信自己是非常优秀的。在爸爸的引导下，邵亦波每天早晨起床后都要对自己说："我能行，我能做好一切！"

邵亦波很小的时候，爸爸就开始让他接触数学了。在让他做数学趣味题时，他总是小心翼翼地维护着儿子的自信心。有时候邵亦波答错了，他也能妥善处理，尽力争取不给邵亦波留下任何不良影响。

有一天，邵振平指着树上的麻雀问儿子："假如树上有10只鸟儿，现在你捡了一颗石子扔上去，砸死了一只，树上还剩多少只？"小邵亦波脱口而出："还有9只。""对！"邵振平说，"你算得又快又准确！"说完，他就弯腰捡了一粒石子递给儿子，让他砸树上的鸟儿。邵亦波用力将石子砸向麻雀。结果一只鸟儿也没有砸到，其他鸟儿也一下子全飞走了。这时，小邵亦波恍然大悟，知道自己错了！

邵振平深知孩子的心灵非常敏感、脆弱，他总是这样注意维护儿子的自信心。他常常鼓励儿子："永远不要对自己说'不'，要对自己说'我能行'。"邵亦波在爸爸的鼓励下信心倍增，每次遇到困难的时候，他都对自己说"我能行"。

邵振平对儿子的良苦用心没有白费，邵亦波以优异的成绩升入中学后，先后10多次获得过全国数学竞赛一等奖，随后跳级进入哈佛大学并获全额奖学金，被人们称为"神童"。

获得自信的心理状态，很重要的一点就是要始终保持良好的心态，认为自己一定能行，这样，就会发挥出极大的自信去面对前进道路上遇到的种种艰难险阻。家长要细心发现孩子的微小成绩，及时地给予积极的肯定，淡化孩子"我不行"的心理。应经常告诉孩子"你能行"，这能让孩子自觉树立起"我能行"的信念。拥有自信心态的孩子能更好地发挥潜能，因而也会得到更多的锻炼机会，使自己成为更有能力的人。

信心是一种心理状态，可以通过自我暗示培养。信心看不到任何障碍，也没有任何限制，它只做潜意识思维让它去做的事情。一个人可以选择成功的自信，也可以选择束缚自己的自卑，这一切全由自己来决定。如果你想选择自信，你应先弄清自己身上的优点、长处，一条一条记在心里，不断地告诉自己："我身上拥有无限的能力和无限的可能性。"当你弄清自己的强项，选择和发挥自己最擅长的能力，也就是自己的优势潜能时，就自然产生了自信。

自信绝对不是一个空洞的口号，而是每一个中小学生必须具备的素质，一定要让它扎根在灵魂的深处，跟随自己的心脏和血液一起跳动和流淌。如果想让自己的生命精彩，如果不想虚度此生，那么永远在心中呐喊对自己最重要的那句话："我自信，我无所不能"。

不自卑的人永不会被命运抛弃

初中学生正处于自信心的形成和发展阶段，此时如果自我认知不当，容易产生自卑心理。

自我责备、自我贬低是我们所知的最具破坏力的习惯之一。马克思说："自卑是一条永远腐蚀和啃噬着心灵的毒蛇，它吸走心灵的新鲜血液，并在其中注入厌世和绝望的毒汁。"

　　可见，自卑是心灵的杀手，它像一只潮湿的火柴，永远不能点燃胜利的火焰；它像一只破旧的帆船，永远不能扬起胜利的风帆；它像一根断桨的小船，永远不能到达成功的彼岸！而自信则是成功的基石，拥有自信的心灵会海阔天空，拥有自信的步伐会铿锵有力！如果一个人做事时充满了自信，能够去除自卑，那么就一定能赢得非凡的成绩。

　　美国黑人威尔玛·鲁道夫是奥运会金牌得主。她因身患小儿麻痹症，导致左腿萎缩，不得不坐在轮椅上。所以，她从小就有强烈的自卑感，不愿意与其他孩子接触。一天，当操场上的孩子们唱完一首歌后，邻居家的一个只有一只胳膊的老人说："我们为他们鼓掌吧！"她吃惊地看着老人，老人对她笑了笑，解开衬衣扣子，露出胸膛，用手掌拍着胸膛……老人笑着对她说："只要自信，一只巴掌一样可以拍响。你一样能站起来的！"

　　那天晚上，女孩让父亲帮她写了一张纸条贴在墙上，上面是这样写的："一只巴掌也能拍响。"从那之后，她开始配合医生做运动。甚至当父母不在身边时，她自己扔开支架，试着走路……11岁时，她终于扔掉了支架。

　　从那天起，她又给自己订了另一个更高的目标，她开始锻炼打篮球和田径运动。在1960年的罗马奥运会女子100米跑决赛上，当她以11秒18第一个撞线后，掌声雷动，人们都站起来为她喝彩。那一届奥运会上，鲁道夫成为当时世界上跑得最快的女人，她一人摘取了3枚金牌！

　　许多人之所以失败，不是因为他们能力不够，而是因为他们不敢争取，他们让自己陷入到了自卑的情绪之中。生活中，许多孩子习惯拿别人的优点与自己的缺点比较，他们认不清自己身上蕴藏着的潜力，经常在不知不觉中为自己营造了自卑的"心灵监狱"。要避免与摆脱这种心理上的失衡，就必须时时表现出一种强者的风范，并始终怀着必胜的信念去克服、战胜困难，坚定不移地朝着目标迈进。

　　人生是依靠强烈的自信支撑起来的，一旦我们失去自信，不敢肯定自己，人生也就没有了根。我们会消极、迷惘，不知道应该干什么，一遇到不利于自己的情势，就会自卑退缩，结果无论多么好的机会摆在面前，都抓不住。自信是一根柱子，能撑起精神的广漠天空，自信是一片阳光，能驱散眼前的黑暗。能够使我们不至于陷入人生泥沼的，是我们的信心。

有一个小男孩总是非常自卑，贫寒的家境使他老觉得自己处处低人一等。直到有一天，他的世界完全改变。

那天，老师带着全班同学来到一家工厂，学生们的任务是刷洗那些收回来的空罐头瓶子。为了激励大家，老师宣布开展比赛，看谁刷洗瓶子最多。

小男孩听到老师的话后，心里一阵激动，那一刻他下定决心，一定要得"第一"。

他很快就学会了所有的刷瓶程序，非常认真地刷着，一双小手被水泡得泛起一层白皮。结果，他刷了108个，是同学中刷洗得最多的。当老师宣布这一结果时，小男孩非常有成就感，这种极度快乐的体验，从此一直留在他的记忆中。

这件事成了男孩人生的转折点，自卑的他从此挺起了胸膛，迈开大步向前跑去。也就是从那一天起，他一下子明白了，无论什么事情，只要肯干，就一定可以干好。他开始拼命地去做自己想做的事情，他坚信，只要坚持努力下去，就一定能够实现目标。

这个小男孩就是后来微软亚洲研究院的主任研究员周明。周明这样说："这件事极大地增强了我的自信，就是从那天起，我发现了天才的全部秘密其实只有6个字："不要小看自己！"

自信心对一个人一生的发展所起的作用是无法估量的。无论在智力上还是体力上，或是做事的各种能力上，自信心都占据着基石性的支持地位。一个人如果缺乏自信心，就会缺乏探索事物的主动性、积极性，其能力自然要受到约束。为了充分发展自己，在为自己规划前程的时候，一定要使自己充满自信。

天才画家詹姆斯·惠斯勒说："信心是一种心理状态，是一种可以用自我暗示诱导和修炼出来的积极的心理状态！"如果想在内心建立信心，即应像打扫街道一般，首先应将相当于街道上最阴湿黑暗之角落的自卑感清除干净，然后再种植信心，并加以巩固。

从现在开始，请不要因种种不顺而自卑，不要为一时的失败而惶恐，你应该有"天生我才必有用"的自信和豪情，充满自信地走向生活，生活定会回馈你以无穷的收获。

鼓励赞赏，是强化自信的良方

强化孩子自信的方法很多，抓住教育契机，对其进行称赞、鼓励是很重要的方法。孩子如果能够经常得到家长的赞赏，他们的信心就会倍增，做事更容易成功。

从心理学角度而言，赞赏是一种积极的心理强化行为，能促进孩子的积极行动。相反，否定就是一种消极的心理强化行为。过多的否定就好像给人贴上了一个标签，会使人焦虑和自卑。如果家长常当面说孩子"真笨"，便会给孩子带来一种负面的心理暗示，时间久了，孩子就会产生"我天生很笨，努力也白费"的心理，从而放弃努力。如果对孩子过于打击、否定，他们最终甚至会自暴自弃，走上犯罪的道路。曾有人对少年犯进行过一次研究，结果表明，很多孩子成为少年犯的原因之一，就是因为他们在小时候曾因偶尔犯错而被贴上了"不良少年"的标签，此种消极期望就引导着他们，让他们愈来愈相信自己就是一个"不良少年"，从而走上了让人心痛的犯罪道路。

因此，教育孩子时，家长应想方设法地多培养他们的自信心，这是极为重要的，事实证明，给孩子适当的鼓励与赞扬是促使其进取的良药，是孩子有所成就的动力。

美国的一位世界棒球冠军，应邀到监狱里与犯人交流，他给众人讲了自己成长的故事：

小时候，他第一次玩棒球，一不小心把父亲的牙打出了血，父亲赞许说："孩子，你将来一定会成为一名优秀的棒球选手。第二次玩棒球，他把家中的窗户打碎了，父亲称赞道：孩子，你将来一定会成为世界冠军。"

听完了他的故事，犯人们若有所思，这时，另一位犯人站起来说："我小的时候的经历与你一样，只不过我父亲告诉我，你将来一定会成为一名罪犯的。"

从这个例子中我们可以看出"消极暗示"对人的负面作用。作为家长，我们一定要经常性地贴好"正面标签"，用欣赏的眼光看待孩子，让孩子在正确鼓励引导下健康成长。要谨防乱贴"标签"，特别是负面的、消极的标签最好不要贴。

不论你的孩子现在多么"差"，你都要多加鼓励，最大限度地给他信任及称赞。李开复博士说："要给孩子正面的回馈。让他知道你注意到了他做的每一件好的事情。如果你想培养自信的孩子，最好多做肯定性评价。多让孩子发觉自己的好，每个人独特的优点就是自信的源泉。"

> 卡耐基很小的时候，母亲就去世了。在他9岁的时候，有了继母。继母刚进家门的那天，父亲指着卡耐基向她介绍说："以后你可千万要提防他，他可是全镇公认的最坏的孩子，说不定哪天你就会被这个倒霉蛋害得头疼不已。"
>
> 卡耐基本来就不打算接受这个继母，在他心中，一直觉得继母这个名词会给他带来霉运。但继母的举动却出乎他的意料，她微笑着走到卡耐基面前，摸着卡耐基的头，然后笑着责怪丈夫："你怎么能这么说呢？你看哪，他怎么会是全镇最坏的男孩呢？他应该是全镇最聪明最快乐的孩子才对。"
>
> 继母的话深深地打动了卡耐基，在此之前还没有人称赞过他聪明呢，即使母亲在世时也没有。就凭着继母这一句话，他信心倍增，开始试着和继母建立友谊。也就是这一句话，成为激励他的一种动力，使他日后成为了著名的人际关系大师，帮助世界各地的人们走上成功和致富的光明大道。

如果我们始终给孩子传递一种良性暗示，他会弃旧图新，变得更加出色；

但是，如果你给他传递一种不良暗示，事情往往会真的变得很糟糕，因为不良暗示会让人消极自卑，乃至一事无成。所以有人说：鼓励与赞美能使白痴变天才，指责与谩骂能使天才变白痴。

赞赏是一种无形的力量，它能增加孩子的自信，促进孩子的发展。为此，家长应通过这种途径来帮助孩子树立自信心。教育专家主张："家长应该做到的就是不断鼓励孩子。哪怕做错了事，也要先提孩子的优点，再指出孩子的不足，这样能够增强孩子的自信心。孩子一旦有了自信，那么学习就会变得主动，成绩就会不断提升。这是一个良性循环。"

对待孩子要坚持正面教育的原则，多表扬鼓励，少批评贬抑。家长要善于发现孩子的进步，进而向孩子表达自己的赏识。这种赞赏能帮助孩子重新树立战胜困难的信心，激发出他的潜能和对生活的热情，让他成为一个真正优秀的人。

第二章

敢想敢干，成就属于有勇气的人

成长之路上，难免有困难与挫折，这时就需要有勇气。本来无望的事，鼓足勇气去尝试，往往能做成。尝试是一种勇气。如果我们敢于做自己害怕的事，恐惧就必然会消失。是否敢于拿出一点点勇气，往往是成败的分水岭。只有勇敢向前，才能发现一片崭新的天地。

勇气，往往是成败的分水岭

意大利著名记者法拉齐说："人只要有勇气，就没有办不成的事。"她就是凭着一股勇气，采访了诸多国家的首脑，为我们做出了榜样。在许多时候，成功者与平庸者的区别，不在于才能的高低，而在于有没有勇气。有足够勇气的人可以过关斩将，勇往直前，平庸者则只能畏首畏尾，知难而退。柯瑞斯说："命运只帮助勇敢的人。"

甘地是著名的民族英雄，有历史学家评价说："他的伟大，在于他的勇气。"而事实上，甘地小时候是一个敏感多疑、瘦弱多病的人。可是，他最终却成为一个勇气十足的伟大英雄。我们都知道，甘地的不抵抗合作运动，是要拿血肉之躯迎向敌人的枪炮的。要是没有足够的勇气，这种行为根本无从谈起。他的这种勇气从何而来呢？这显然是他在实际生活中改造自身缺陷的结果，他在残酷的生活和斗争中磨炼出了自己足够的勇气。从投身印度独立运动起，他就知道，必须做一个无所畏惧的人；只有无畏，才能勇往直前，才能实现自己的理想。他以自己的至高信念，以自己的顽强毅力，最终使自己成了一个有勇气的人，一个大无畏的人。

即使你的先天条件并不好，即使上天给予你的苦难比他人多，但勇气却必能为你增添一份可贵的强大动力，帮助你向着目标和理想不断进发。英国19世纪女作家乔治·爱略特曾说："犹豫代表了胆怯，意味着害怕失败，而丧失勇气去尝试的同时亦失去了唯一一点你可能成功的理由"。人的一生是短暂的，在这一瞬的生命中，带着勇气去尝试，你就有赢的可能。勇敢的人面前才有路，是否敢于拿出一点点勇气，往往是成败的分水岭。其实，很多成功的门都是虚掩着的，只有勇敢地去叩开它，大胆地走进去，才能发现一片崭新的天地。

　　卡洛斯·桑塔纳出生在墨西哥，17岁随父母移居美国后，他的功课一团糟，他为此感到自卑，丧失了勇气。

　　卡洛斯天生一副好嗓子，又得到了父亲的指点，歌唱得非常不错，曾经在班里展示过他的歌喉。有一次，学校要举办歌手大赛，但是卡洛斯没有勇气去报名，有一次他都走到了报名所在的办公室前，还是没有勇气去敲门。

　　当报名时间只剩下两天时，他的音乐老师克努森问他："卡洛斯，为什么你不去报名呢？"

　　卡洛斯小声回答说："您知道，我的成绩很糟糕，所以……"

　　克努森鼓励他说："我知道，我看过你来美国以后的成绩，除了'及格'就是'不及格'，真是太糟了。但是你的音乐成绩却很优秀，为什么不去报名，让别人看到你的优秀呢？"

　　克努森将双手放在卡洛斯的肩膀上："卡洛斯，你一定要记住：不管你做什么，都要拿出勇气来，幸运之门只为有勇气的人敞开着。"

　　老师的这番话给了卡洛斯极大的信心，他勇敢地走向那间办公室报了名，在比赛中用他那美妙的歌喉征服了全校师生，一举夺得冠军。

　　由于这次夺魁，卡洛斯对自己信心倍增。在他以后从艺的道路上，无论遇到什么困难，他都毫不退缩，奋勇向前。付出终有收获，2000年，52岁的卡洛斯共获得了8次格莱美音乐大奖，是首位步入"拉丁音乐名人堂"的摇滚音乐家。

领奖台上，卡洛斯作了一次简短的演说，述说了他对音乐的热爱，并着重强调了一点："幸运女神之门只为有勇气的人敞开着，没有足够的勇气，我就不会站在这个舞台上！"

每个人都渴望有所成就，然而这并不是一件容易的事儿，它需要有一种承受挫折、敢于尝试的勇气。勇气是人生中最大的财富；有了勇气，就拥有了一切，就成了战胜众人、夺得王者之位的强者。

人生好比一座山峰，在我们攀登的过程中，会遇到悬崖和峭壁，这时就需要有勇气。勇气是成功的前提，拥有勇气，你就向前迈进了一步。其实，成大事其实只需要那么一点点勇气。只有拿出足够的勇气，去展现你最优秀的一面，才能在人生的舞台上精彩亮相，赢得辉煌！

勇气只是多跨一步超越恐惧

每个人心中或许都有不少潜藏的恐惧，有的是因自己的怯懦而产生，有些是外力所加诸的阴影。如果我们不敢正面面对恐惧，就得一生一世躲着它。如果我们能正视它，迎接它，就会发现，现实中的恐惧远比不上想象中的恐惧那么可怕。

德国著名的电器发明家西门子在小时候曾经历过这样一件事：

他8岁的姐姐去学刺绣，每当她走到教士家门口时，便会有一只凶猛的雄鹅朝她扑来，好几次还啄了她。女孩吓得号啕大哭，再也不肯去学刺绣。女孩的父亲于是找了根长长的棍子交给5岁的儿子西门子，对他说："希望你的胆子比姐姐大。"父亲告诉男孩："如果雄鹅来了，你尽管大胆地向它走去，然后用棍子狠狠打它，它就会跑掉的。"

西门子跟着姐姐来到教士家，刚推开院门，那只凶猛的雄鹅便高高地伸着颈项，发出可怕的叫声向他们冲过来。小男孩害怕极了，也想跟着姐姐跑，但他想起了父亲的话，于是闭上眼，颤抖着伸出手中的棍子在周围一通乱打，雄鹅终于害怕起来，大叫着回到一群鹅中间去了。

西门子在70多年后的《西门子自传》中说："因为童年的一点启示，而使我终生受用，不知不觉地给了我无数次的鼓励：遇到危险不要恐惧，更不能回避，要大胆迎上去，加以痛击。"

有时候我们之所以害怕，因为只看到了事物消极和困难的一面，实际上任何事物都有正反两个方面。如果能拿出勇气，全力向前，就会减轻恐惧感。人敢向恐惧走近一步，恐惧就向后退缩两步。实际上，世上没有什么事能真正让人恐惧，恐惧只不过是人心中的一种无形障碍罢了。

一个人绝对不可在遇到恐惧的威胁时，背过身去试图逃避。如果这样做，只会使恐惧加倍。麦克阿瑟在西点军校的演讲中曾说过这样一句话："如果不能自己除掉恐惧，那样的阴影会跟着你，变成一种逃也逃不了的遗憾。"不要因为恐惧而害怕尝试。一旦你正面面对恐惧，很多恐惧都会被击破。

有一次，卡兰德在纽约的一个饭店里，看着善泳的朋友们在阳光下嬉戏，忽然有一种不舒服的感觉涌上心头。卡兰德告诉他们，自己怕晒黑，所以不想下水。朋友们笑着怂恿他："不要因为怕水，你就永远不去游泳……"

阳光溅在他们水滑滑、光亮亮的肌肤上，他们像海豚一样骄傲地嬉戏着，而卡兰德其实并不想躲在没有阳光的阴影里看着他们的快乐。他觉得自己是个懦夫。

一个月后，卡兰德应朋友之邀到了一个温泉度假中心，他终于鼓足勇气下水。卡兰德发现自己没自己想象中那么无能，但他不敢游到水深的地方。

"试试看，"朋友鼓励他说，"让自己灭顶，看会不会沉下去！"

于是，卡兰德试了一下。朋友说得没错，人在意识清醒的状态下，想要沉下去、摸到池底还真的不可能。真是奇妙的体验！

"看，你根本淹不死。沉不下去，为什么要害怕呢？"

卡兰德上了一课，若有所悟。从那天起，他不再恐惧游泳，虽然目前不算是游泳健将，但游个四五百米是不成问题的。

恐惧往往是自己想象出来的。如果你想克服恐惧，那就从现在开始，从第一件害怕做的事做起，直到不惧怕为止。莎士比亚说："本来无望的事，大胆尝试，往往能做成。"大胆尝试常常会带给你更多的机会。尝试是一种勇气，也是一种决心。如果我们敢于做自己害怕的事，害怕就必然会消失。征服恐惧的最快最实际的方法，就是去做你害怕的事。任何人只要去做他所恐惧的事，并持续地做下去，直到有获得成功的纪录做后盾，他便能克服恐惧。

"装作不害怕"，也是克服恐惧的一种好方法。美国总统罗斯福原先也有胆怯的缺点。他在自述中写道："有一次，我读到一本书，其中有一段告诉主人公怎样克服恐惧：'人们可以装作不害怕的样子，时间一长，假的就不知不觉变成真的了。'我相信了这种说法。那时我害怕的东西多得很，后来我让自己装出不怕的样子，慢慢地果然就不怕了。我想，人们只要愿意，是都能克服恐惧心理的。"

要试出好的结果，就要装出非常勇敢，无所畏惧的样子，而且全身心地表现出来。詹姆士对此也有同感，他说："这样，英雄气概就会取懦夫之怯而代之。"

无论是谁，都应该学会克服恐惧，克服了恐惧就等于战胜自己最大的敌人，离超越自我，取得成就也就不远了。

敢于放手一搏，就有赢的可能

人生路上，难免有坎坷，难免遍布荆棘，是知难而退，还是迎难而上？这道题的不同答案也就决定了勇者和懦者不同的人生情态。遭遇挫折并不可怕，可怕的是因挫折而产生懦弱。只要精神不倒。敢于放手一搏，拿出勇气全力冲过去，就有胜利的希望。

一天下午，艾森豪威尔从学校跑回家，身后，一个同他年龄相仿的粗壮结实的男孩在追赶他。艾森豪威尔不敢迎战，只想逃跑。他的父亲看见后，冲他大喊："你干嘛容忍那小子追得你满街跑？"艾森豪威尔当即委屈地反驳说："因为我不敢还手；而且不管输赢，结果都是挨你的鞭子。""别为自己的懦弱寻找借口，去把那小子赶走！"父亲大声疾呼。

有了父亲这句话，艾森豪威尔就什么也不怕了。他猛地转回身，怒发冲冠。那个追赶他的男孩被艾森豪威尔的突然反击吓坏了，他慌忙地夺路而逃。艾森豪威尔穷追不舍，一把将他抓住。当即把他放翻在地，并且正颜厉色地警告他："如果你再找麻烦，我就每天揍你一顿。"

通过这件事，艾森豪威尔悟出了一个道理：面对看似强大对手的时候，千万不要胆怯和逃跑。一个人如果没有足够的勇气，干什么都缩手缩脚、患得患失，害怕失败和挫折，就不会成为一个杰出的人。

在攀登人生山峰的过程中，会遇到悬崖和峭壁，这时最需要有足够的勇气。其实，所谓的成大事者，他们与其他人的唯一区别就在于，别人不敢去做的事，他敢于去做，而且全身心地去做。勇气会对抗命运的打击，因为勇气告诉你：你能做到一切。

史东是"美国联合保险公司"的董事长，他能白手起家，创出非凡业绩，是他"敢于放手一搏"的结果。

史东在小时候为了生计到处贩卖报纸，有家餐馆把他赶出来好多次，但是他却一再地溜进去，并且手里拿着更多的报纸。那里的客人被他的勇气所打动，纷纷劝说餐馆老板不要再把他踢出去，并且都慷慨解囊买他的报纸。史东不但赚到了钱，也积累了经验。

史东常常陷入沉思。"哪一点我做对了呢？""哪一点我又做错了呢？""下一次，我该怎样做才不会挨踢？"最后，他得出了自己的结论：如果你勇敢地去做，就没有损失，反而可能有大收获！

在史东16岁时的一天，在母亲的指导下，他走进了一座办公大楼，开始推销保险。当他因胆怯而发抖时，他就用自己总结出来的经验来鼓励自己。就这样，他抱着"如被踢出来，就试着再进去"的念头推开了第一间办公室的门。

他没有被踢出来。那天有两个人买了他的保险。他从此有了勇气，不再害怕被拒绝，也不再因别人的拒绝而感到难堪。第二天，史东卖出了4份保险。第三天，这一数字增加到了6份……

20岁时，史东设立了只有他一个人的保险经纪社。在不到30岁时，他已建立了巨大的史东经纪社，成为令人叹服的"推销大王"。

面对困境，很多人选择逃离和躲避，企图求得暂时、片刻的安稳，但生活的经验告诉我们，妄想处于一个没有困难的世界根本不可能。危急时刻或逆境中，只有抬起头勇敢向前的人，才有可能逃离危险，战胜困难。

勇敢就是在面临危险的时候临危不惧，就是客观评估风险之后果断行动，就是在困难面前绝不后退，就是在狂风暴雨里始终走在最前面。这是一种积极的态度，是一种敢为天下先的勇气。"敢"是一种无所畏惧的表现，因为敢，你离机遇很近；因为不敢，你在远离风险的同时，也将错过机遇。想成为一个名副其实的赢家，你就应该大声地对"懦弱"和"不敢"说不。

想要胜利就不能退缩，只能前进。在人生旅途中，有些事情是无法逃避的，与其被动地承受，不如勇敢地面对，无论路多艰，险多大，勇敢走过去，你的人生就会更精彩。

培养"理性冒险"的精神

成就人的因素很多，既需要智慧和运气，同时更需要勇气。当今教育观点认为，仅有高智商和高情商还不足以使人有伟大的成就，必须要同时具有高胆商才行。这里的"胆商"指的就是冒险精神。对于每一个渴望有所成就的孩子来说，胆商都是一种重要的素养。

家庭教育应把胆商的培养放在关键的位置，培养孩子"理性的勇敢"。"理性的勇敢"不是那种路见不平，拔刀相助的勇敢，不是那种"有所不屑"

就出手相搏的勇敢。"理性的勇敢"更多地表现为临危不惧、冷静分析、坚持到底的原则。任何领域的杰出者，他们之所以能够成为顶尖人物，正是由于他们具有"理性的勇敢"。

我国著名地理学家徐霞客，就是一位具有冒险精神的勇者。他撰写的《徐霞客游记》是世界上第一部系统研究岩溶地貌的科学著作，比欧洲人的此项考察早了二百多年，人们评价这部游记是"世间真文字、大文字、奇文字"。徐霞客的一生，大部分是在旅途中度过的。他登悬崖、攀绝壁、涉洪流、探洞穴，历经无数艰难险阻。他在游嵩山时，向当地人打听下山的道路，人家告诉他，下山的路有两条：一条是平坦的大路，另一条是险峻的小道。他毫不犹豫地选择了后者，出没于危险境地，经过艰难的跋涉才到达山下。经历了这番艰险，他感慨地说："人家说嵩山没有什么可游的，正是没有看到险峻的地方。"他的话显示出了非凡的胆量。

人要有冒险的勇气、行动的勇气。如果不去尝试什么，就不会真正知道自己是什么，更不会知道自己到底要什么。如果惧怕失败，不冒风险，其最为痛惜之处在于白白葬送了自己的潜能。与其造成这样的悔恨和遗憾，不如去勇敢地闯荡和探索。

我们一方面要通过学习和实践不断增长智慧，另一方面还要永远保持冒险精神。谨小慎微并不是好的品质；举足不前只能被淘汰出局。冒险与收获常常结伴而行。险中有夷，危中有利。要想有好的结果就要敢于冒险。

在作战方面，西点将军巴顿堪称世界现代战争史上的杰出者，其主要特点是勇敢无畏的进攻精神。巴顿在战斗中的一句口头禅是："要迅速地、无情地、勇猛地、无休止地进攻！"

在1918年的米歇尔战役中，敌人的炮火稍一减弱，巴顿马上指挥大家沿山丘北面的斜坡往上冲。巴顿挥动着指挥棒，口中高声叫道："我们赶上去吧，谁跟我一起上？"分散在斜坡上的士兵全都站起来，跟随他往上冲。他们刚冲到山顶，一阵机枪子弹就像雨点般猛射过来。大伙立即都趴到地上，几个人当场毙命。当时的情景真让人有些不寒而栗，大多数人都趴在地上一动也不敢动。望着倒在身边的尸体，巴顿大喊："该是另一个巴顿献身的时候了！"便带头向前冲去。

只有6个人跟着他一起往前冲，但很快，他们一个接一个地倒下去，巴顿身边只剩下传令兵安吉洛。巴顿命令说："无论如何也要前进！"他又向前跑去，但没走几步，一颗子弹击中他的左大腿，从他的直肠穿了出来，他摔倒在地，血流不止。

鉴于巴顿的杰出表现，他获得了"优异服务十字勋章"，以表彰他在战场上的勇敢表现和突出战绩。

如果去冒险将是用自己现有的安逸去交换充满未知的将来，但同时也要意识到这将是一次实现跨越的绝好机会。有限度地冒险，如果我们胜利了，可以提升自己，这是一种成长；就算我们失败了，也可以弄清楚原因，学会以后该避免怎么做，这也是一种成长。适当地培育冒险精神，才有可能突破自我，脱颖而出。

现在的家长容易忽视对孩子冒险精神的培养，这样会使孩子变得胆小懦弱，阻碍孩子的成长进步。如果人一次也不体验危险性，也就不会产生回避这种危险性的智慧。如果家长只是考虑孩子的"安全"，让孩子回避冒险，孩子便容易墨守成规，不敢去体验陌生的事物。这样的孩子就会缺乏创造精神。对于家长来说，在限制孩子冒险的同时，也限制了其胆量与能力的发展。

在有安全保障的前提下，家长不妨鼓励孩子玩一些带有冒险成分的游戏，比如坐过山车、滑板、游泳等。当然，家长一定要事先给孩子讲明活动的危险性和需要注意的事项，让孩子做好充分的心理准备。必要时，应和孩子一起活动，一起冒险。让孩子在探索和冒险中学会保护自己，轻松应付复杂的环境。

总之，要培养冒险精神，不能靠口头说教，而需将教育贯穿在日常生活中，使孩子在亲自体验中得到锻炼和提高。只有这种潜移默化的教育才能影响孩子的一生。

第三章

严于律己，自律有助于自我发展

　　自律对于中小学生的成长来讲，有着重要的作用。自律有助于磨砺心志，有助于良好品性的形成。自律应从学会控制情绪开始。情绪处理得好，可以将阻力化为助力，融洽人际关系。此外我们应学会控制自己的行为，自觉遵守规则。学会自律，未来的人生会更加美好。

自律应从学会控制情绪开始

　　自律就是自觉、自我约束、自我控制之意。自律对于中小学生来说，有着重要的作用，加强自律有助于磨砺心志，有助于良好品性的形成，使孩子健康发展。自律应从学会控制情绪开始。

　　美国心理学博士戈尔指出："在影响人成就的要素中，智商作用只占20%，而情商作用却占80%。"越来越多的研究表明，高情商是任何一个有所作为者必须具备的基本素质。情商主要是指人在情绪、情感、意志、耐受挫折等方面的品质。它主要包括自知和自律两方面的内容。自知也就是说当某一种情绪出现时自己便能及时察觉。自律指能够很好处理并控制愤怒、暴躁、忧郁等一些不良情绪，将其保持在一定的合理状态，这种能力建立在自知的基础上。自控能力高的人，可以从不良情绪中迅速跳出，重新调整自己，开创更美好的未来。相反，自控能力不足将会使人陷于痛苦情绪的漩涡中，甚至阻碍事业的发展。

中小学生是否能够健康成长，学会控制情绪是不可缺少的重要条件。美国著名成功学家拿破仑·希尔用自己的亲身经历，向我们讲述了自制力对于一个人的重要性。

年轻时，拿破仑·希尔曾和他人发生过一场误会，这件事使他认识到"一个人要想取得成功，必须先学会驾驭自己的情绪。

事情的经过是这样的：

有一天，希尔和办公大楼的管理员因为一点小事起了争执，从那以后，他们开始彼此敌视。后来，管理员知道办公大楼里只有希尔一个人在工作时，就把电闸拉下来，使办公室里面一片漆黑。这种事情一连发生了几次，希尔很愤怒。

一天，希尔正在办公室里紧张地工作着，电灯突然又熄灭了。他气愤地立刻奔向管理员的办公室，到了那儿，就对着管理员破口大骂起来。他把能想出来的恶言恶语都用上了。这时，管理员转过身，用柔和的语调对他说："你今天是不是太激动了？"他的话很温和，但希尔却感到像一把利剑刺进了自己的身体。他站在那儿，非常尴尬。

希尔一下子醒悟过来，自己这样一个心理学专家，竟然对着一个没有多少文化的管理员大喊大叫，这实在令人感到羞辱。他飞快地逃回了办公室，认识到了自己的错误。今天，本来是一个缓和关系的机会，可他却失去了自制力，从而使自己陷入了难堪的境地。

他决定走回去向管理员道歉。管理员仍然用温和的语调说："这一次你又想干什么？"言语中充满了挑战的意味。希尔告诉他是来道歉的。管理员说："你不用向我道歉。你今天所说的话，只有你我知道，我不会把它说出去的，我们就这样了结了吧！"希尔被管理员的高度自制力震撼了。他走上前去，紧紧地握住了管理员的手，真诚地向他表示歉意。

这件事使希尔认识到，一个人如果缺乏自制力，控制不了自己的情绪，就有可能变得疯狂。这样，不仅不能控制他人，反而非常容易被打败。

不良情绪似乎是一种能量，如果不加控制，它会泛滥成灾。情绪时时刻刻都伴随着我们，我们虽然无法做到没有丝毫情绪的波澜，但我们却应学会理性地控制好自己的情绪。

在一个雨天，学生麦克匆匆地来到德瑞教授的办公室，告诉教授说有一位同学当众辱骂自己，他不知道应该直接与他争执，还是应该找人评理。德瑞教授听后说道："你看，我大衣上的泥巴，就是今早过马路时溅上的。如果我当时立即抹去，一定会搞得一团糟。所以我把大衣挂到一边，专心干别的事，等泥巴晾干了再处理它，就非常容易了。瞧，轻轻掸几下就没事了。"

见麦克不太明白，德瑞解释说："批评和侮辱，跟泥巴没什么两样。对付它们的最好办法就是先将之搁在一边，晾一会儿，然后再去对付它们。如果你现在就去质问对方，你会更生气的，矛盾会更严重。我建议等你情绪的水分较多蒸发掉了，再来想这件事。不过晾干水分后，你也许发现那泥点也淡得找不到了！"

生活中，控制情绪的能力始终十分重要。在怒火爆发之前，我们应反省自己的一些作法，方法是否错了，在处理问题上是否情感多，理智少等。易于情绪爆发的人，在快要发脾气时，嘴里不妨默念"镇静，镇静，三思，三思"之类的话。这有助于控制情绪，增强大脑的理智思维。当情绪激动时，为了使它不至于爆发和难以控制，也可以有意识地运用"转移法"，把注意力从引起不良情绪反应的刺激情境转到其他事物或活动上去，例如，做一些平时最感兴趣的事，这样就可以使人从消极情绪中解脱出来。

总之，能驾驭自己的情绪，才能真正驾驭自己。情绪处理得好，可以将阻力化为助力，融洽人际关系。这样，对身体健康和未来发展都有着很大的帮助。

自我反省，学会控制自己的行为

自律对于每个人来讲，有着重要的作用，它有助于消除前行征途中的潜在危机。对于一个人来说，它既是实现既定目标的保证，又是取得更大成绩的起点。

比尔·盖茨的成功与他超强的自律能力是分不开的。正如他本人所说："我个人以为，既然想要做出一番事业，我们就不能太善待自己，只有自律的人，才能够做出一番业绩。"他几乎所有的时间都花在工作和学习上，从不轻易放松自己。在中学的时候，他就靠自学、靠自己的钻研，掌握了高深的计算机技术。

比尔·盖茨证明了自律所具有的强大力量。没有任何人可以在缺少它的情况下获得成就。甚至可以这么说，无论一个人有多么过人的天赋，如果他不运用自律，就绝不可能把自己的潜能发挥到极致。自律能促使人步步攀向高峰，也是能力得以卓有成效地维持的关键所在。

我们应意识到自律的重要性，学会控制自己的行为。自律是在行动中形成的，也只能在行动中体现。应建立起"可""否"的观念，明确什么是可以做的、什么是不可以做的，事先在脑海中有一个判断是非好坏的标准。以这个标准为参考，才能认识到自己行为是否正确，才能学会控制自我。要自律就不能轻易地放纵自己，哪怕是在一件微不足道的事情上。

美国石油大亨保罗·盖蒂的巨大成功与他个人极强的自律能力是分不开的，有这样一个关于保罗·盖蒂的故事：

有段时间，盖蒂吸烟吸得很凶。一天，他度假驾车经过法国，那天正好下着大雨，晚上他在一个小城里的旅馆过夜。吃过晚饭，他很快入睡。他清晨两点钟醒来，想抽一支烟，却发现烟已经抽完了。

此时，他唯一能得到香烟的办法就是穿上衣服，到几条街外的火车站去买。要抽烟的欲望不断驱赶着他，于是他脱下睡衣，开始穿外衣。

保罗·盖蒂换好衣服出门，在伸手去拿雨衣的时候，他突然停住了。他问自己：我这是在干什么？一个自以为有足够理智对别人下命令的人，竟要在三更半夜离开旅馆，冒着大雨走过几条街，仅仅是为得到一支烟。这是一个什么样的习惯，这个习惯的力量有多么强大？

保罗·盖蒂平生第一次注意到这个问题：他已经养成了一个根深蒂固

的习惯，而这个习惯显然没有任何好处。他突然清楚地意识到这一点，随后片刻就作出了决定。他下定决心，把那个仍然放在桌子上的烟盒揉成一团，丢进废纸篓里，然后脱下衣服，再度穿上睡衣回到床上。他带着一种解脱甚至是胜利的喜悦，关上灯，闭上眼，听着雨点打在门窗上的声音，几分钟之后，便进入深度的睡眠中。自从那天晚上以后，保罗·盖蒂再也没有抽过一支烟，也没有了抽烟的欲望。

当然他的事业越做越大，成为世界顶尖富豪之一。

保罗·盖蒂后来对媒体记者说："在很多时候导致你犯下错误的，往往是理智屈就于本能的冲动。因此，你应该经常进行自我反省，抛弃那些不良的欲念，这样能够增强你自身的理智感，知道什么是该做的，什么是不该做的。"

我们之所以会做让自己后悔的事，归结起来，大多是因为自制力薄弱，抵挡不住诱惑，因此做了不该做的事。无法自我控制，这是一般人的通病，也是成长过程中的阻碍。我们要学会约束自己的得失之心，懂得为自己的所作所为负责，即使在无人知晓的情况下也要自律。

自律习惯的养成是一个长期的过程，不是一朝一夕的事情。要培养坚定的自制力，首先要从心理上认识到自制力的重要，然后才能自觉培养。家长应帮助孩子学会自律，锻炼意志力。对此，心理学家提出一个好方法，叫做"每天应去做一点苦差事"。也就是说，每天去做一点自己不愿意做的事，这样可以磨炼意志，强化自制力，养成以"应不应该"而不是"喜不喜欢"为标准去做事的良好习惯，自制力就会慢慢培养出来了。

从小培养自律精神，不仅能够控制自己的行为，而且能使人积极投入生活和学习中，使自己健康、快乐地成长。养成自律的好习惯，我们的人生会更加美好。

遵守规则，并要懂得捍卫

自我约束是一种值得特别关注的性格品质，它贯穿于模范地遵守规则和个人行为的所有方面。我们做人、做事都要遵循一定的规则，在学校要遵守校规，到了社会上，也是如此。生活中，处处需要规则的约束。要想让自己更健康地成长，就必须自觉地严格约束自己，时刻将规则放于心中，以获得更完满的自由。相反，如果无视纪律，对抗规则，常常会受到规则的惩罚，到处碰壁，甚至付出自由的代价。有这样一个关于规则的故事：

有6只猴子被放入同一个笼子，并用链条将香蕉悬挂在笼子顶部。链条另一端与淋浴器喷头相连，当1只猴子伸手拉香蕉时，所有猴子都会被淋浴器喷出的冷水浇湿。用不了多久，6只猴子就都知道香蕉是不能碰的。

接着从6只猴子里取出1只，并放入1只新的猴子。毫无疑问，新来的猴子看见香蕉心想一定是到了天堂。但当它往上爬时，其他5只猴子会制止它接触香蕉，不久，这只新来的猴子也知道香蕉是个禁忌，必须服从另外5只猴子的命令。然后新猴子不断被放入，每放入1只新猴子的同时，都取出1只原来的猴子。每次替换猴子的时候，这样的教训都会重新上演一次。很快，最初在笼子里的6只猴子全都被替换出去，而香蕉仍完好无损——虽然后来的猴子从未被冷水淋湿，但它们从不询问不能碰香蕉的原因，它们只管服从。

世界上的任何事情都没有绝对的，自由也是；没有规则的约束，自由就会给自己甚至他人造成不同程度的危害。著名的西点前校长阿比扎伊德曾说过："纪律就是高压线，危险只有在你去碰触它的时候才发生，你们要做一个守纪律的人，就要学会自制。"

对孩子来说，自制的一方面就是遵守规则。著名作家刘墉认为："对孩子应常用启发式教育，但是孩子也需要管教，需要规矩。"其实"强权"只是手段，规则总是会被孩子忘掉的。但思考与行事的习惯一旦培养起来，便会影响孩子的人生。我们所要做的，就是用规则的手段，强化孩子良好的思考与行事的习惯。"

在儿子刘轩五岁的时候，刘墉经常往返于美国和台湾两地，和儿子很少见面。两年后全家人定居美国，这时刘墉发现：儿子在陌生的环境里变得懦弱、自闭。刘墉在一急之下，决定动用传统的中国强权式教育。

首先，刘墉给儿子制订了严格的生活制度：严格作息，不准偷懒，自己的事自己做。刘轩自由惯了，突然被强行管制，难受得直掉泪，但刘墉并不为之所动，坚决推行强权式教育。

由于刘墉的强权教育，刘轩很小的时候就能生活自理，甚至还烧得一手好菜，这让很多美国孩子很叹服。

刘轩一点点长大，但刘墉对他的强权式教育没有分毫放松，儿子看电视他要管，儿子打电话他要限制……。有一段时期，刘轩和一个穿着、举止另类的女孩交往非常密切。刘墉觉得不对劲，一番盘问，把那个女孩吓跑了。然后，刘墉对儿子说："十八岁之前，你的事情我都要过问，比如这个女孩，绝对不可以交往……"

因为刘墉的专制教育，父子关系一度很紧张。刘轩甚至一度想离家出走，刘墉却苦苦坚持着。

直到刘轩进入大学，刘墉才终于松了一口气。而刘轩直到在大学开始独立生活之后，才逐渐明白爸爸的良苦用心。他也渐渐明白了：正是爸爸的引导，使自己越飞越高。

刘轩毕业后，可以选择决定一切事情了，可他却说："我曾讨厌爸爸的严格管束，现在自由了，却常常怀念那段岁月。"

欠缺规则意识的孩子行为往往非常散漫。孩子各种良好的行为习惯的养成，很大程度上就在于家长对其进行的严格的规范训练。只有形成严格要求、管理的约束氛围，才能增强孩子的规则意识，培养孩子的良好习惯，进而将孩子培养成全面发展的优秀人才。

对孩子的训练要持续不断，让规则意识深深地根植于他的心中。开始他可能只是为了形式，时间一长习惯成自然，他就会逐渐地把原本强制的行为变成一种自然的行为，变成自觉遵守的规则。当孩子具有强烈的规则意识，并用规则指引行为，在不允许妥协的地方绝不妥协，在不需要借口时绝不找任何借口时，人生就会因此跃入一个新阶段。

改变自己，才能改变人生

爱尔兰作家萧伯纳有句话说："明智的人使自己适应世界，而不明智的人只会坚持要世界适应自己。"每个人都希望这个世界是自己所希望的样子，可是世界不会因为任何人的想法而改变，人能够改变的只有自己。在面临无法改变的现实时，首先要学会改变自己，当你的心态和行为发生转变的时候，你会发现这个世界也变了。

对此，美国著名的演说家金·洛恩这么说："成功不是追求得来的，而是被改变后的自己主动吸引而来的。"我们之所以没有成长，是因为在我们身上存在着许多致命的缺点，如自私、傲慢、急躁、做事不踏实、没有耐心等，这些缺点严重制约自身的发展。要想有所成就，就要对自己进行深刻的解剖，不断地剥落自己身上的缺点，才能使自己不断成长和成熟。

美国著名科学家、政治家本杰明·富兰克林的自律精神被世人所称道。富兰克林在青年时期，发誓要改掉坏习惯，养成好习惯。他给自己制定了一个计划，取得了意想不到的良好效果。

富兰克林首先列出了最需要养成的13种美德，如节制、寡言、俭朴、诚恳、镇静、谦虚等。然后限定自己在一个时期内，比如一周内，集中精力培养其中的一种美德。接着再开始注意另外一种。这样下去直到13种美德都培养起来为止。

富兰克林每天都要检查自己，如果发现自己关注的那两三项美德没有做到，则在对应的空格做一个标记。比如，为了改正自己正在形成的夸夸其谈的坏习惯，他给自己选择了"寡言"，要求自己做到于人于己有利之言才谈，避免自以为是的空谈。

为保证有更多的时间用于学习，富兰克林在计划的"勤勉"一条里，规定自己几点起床，几点吃饭，几点阅读，使生活有条不紊。后来有朋友说他常常表现出骄傲情绪，他又把养成"谦虚"的好习惯列入计划。他每周选出一种缺点进行矫正，每晚必须作自我反省，每天记录自己努力的结果。有时坏习惯没有彻底改变，尚未达到自己理想标准时，就再延长矫正一周，直到好习惯代替了坏习惯为止。

正是由于养成了诸多好的习惯，使富兰克林在众多不同的领域都取得了巨大的成就。富兰克林以他的自律精神向全世界重新定义了"美国人"。

作为有智慧的人，在现实不利于发展的情况下，要能够善于把现实情况与自身实际相结合，进而积极主动地改变自己。与其等到遭受挫败，或者深陷绝境之后，才悔悟自身那些坏习惯所带给自己的打击，还不如在此之前，便自己检查，及时认清并消灭它们。

西班牙男孩卡哈在少年时代放荡不羁，懒散成性，屡次违反校规，后来被学校开除。遭到父亲的严厉管教，他吓得不敢在家，就去异乡流浪。他游荡一年毫无长进，不得已又回到家里。不料父亲被他气得卧病在床，已经去世了，母亲拖着有病的身体去给人打工。

卡哈回来后，遭到乡亲的白眼，他们对哈卡只有鄙夷，认为他是不中用的人。乡亲的白眼使卡哈吃不下饭，睡不着觉。他开始反省自己，从深切痛苦中领悟到，要改变自己的形象，必须要改变自己的生活态度。

这时，母亲语重心长地劝他说："一个人有没有用，不在于别人怎么说，而在于自己怎么看。如果因此而破罐破摔，当然不会中用。但是如果因此而自省、自新、自强，结果就大不一样。即使成不了大业，也会有所长进。"

听了这番话，卡哈郑重其事地向母亲起誓说："我要继续读书，像父亲那样做一个好医生！"他母亲喜出望外，全力支持。卡哈刻苦学习，最终考入萨拉格萨大学。25岁时，他被该校聘为解剖学教授，他努力探索人脑神经结构，终于取得了突破性成果。

1906年，他成了诺贝尔医学奖的获得者。

　　我们可能会希望周围的人和事都符合自己的意愿，当这种要求不能得到满足时，便容易自暴自弃。其实这种做法是不利于自身成长的。面对环境中的各种不利时，应果断地改变自己，反省、自新、奋发、图强，结果就会大不一样了。即使成不了大业，也会有所长进。

　　在日常生活中，时时要自律，为此不断改变自己。比如，针对自身性格上的某一缺点或不良习惯，限定一个时间期限，集中纠正，能收到比较好的效果。对自己严格一点儿，时间长了，自律便会成为一种习惯，一种生活方式，你的品格和智慧也会因此变得更优秀。

　　人生是由一连串的改变形成的。而且，唯有良好的自我改变，才是改变事情、改造状况的基础。心若改变，态度就会改变；态度改变，习惯就会改变；习惯改变，人生就会改变。

第四章

自强不息，用自身奋斗赢得未来

自救是摆脱厄运的唯一武器。当你身遭痛苦与不幸时，要凭着自强不息的力量战胜它。当受到轻视时，要将之化为奋进的力量，努力掌握自己的命运。自强不息的精神是每个人成长的支柱。有了自强不息的精神，就会产生信心，就能充分发挥自身潜能，成为优秀的自己。

自强不息是成长的精神支柱

生活中有许多孩子常抱怨自己命运不好，从而把希望寄托在他人身上，对这些人来说，自强不息是成长的关键。《周易·乾卦》中说："天行健，君子以自强不息。"这句话是在告诫我们，要自觉奋发向上，珍惜时光，顽强拼搏，永不松懈。只有勇于同命运抗争，才能真正改变命运。

德国诗人歌德在他的不朽名著《浮士德》中说："凡是自强不息者，终能得救。"其实，世上真正的救世主不是别人，而是自己。对于自强不息者来说，任何困难都不是障碍，只要信心不垮，奋发向上，就能做出令自己吃惊的成绩。当我们面对自身缺陷时，要自立自强，这样才能发现自身潜能，冲破困境走向胜利。

邓亚萍在我国乒坛乃至世界乒坛上曾经名声大噪，战绩颇丰。1986年，13岁的她拿到第一个全国乒乓球锦标赛冠军，之后，在短短的11年间，她一共拿到153个冠军。这不但在中国乒坛，而且在世界乒坛史上都写下光辉的一页。

在邓亚萍的少年时代，为了培养她成才，父亲曾将她送到河南省乒乓球队去深造。然而，去后不久便被退了回来，其理由是个子矮，手臂短，没有发展前途，这在邓亚萍的心灵上留下一道深深的伤痕。令人欣慰的是，在父亲的鼓励下，倔强的邓亚萍并未因此一蹶不振，相反，她更加刻苦地训练。此后，邓亚萍经过多次大赛的历练，最终登上国际乒坛女霸主的宝座。可以这样说，是困难、挫折和毅力成就了她的事业。

邓亚萍有一段描述自己心理感受的话，她说："我坚信每个人的命运都掌握在自己手里。上帝不会把冠军的桂冠戴在一个未曾付出汗水、心血和智慧的运动员身上，我自己满身的伤病就是证明。"

世上没有救世主，能拯救自己的，只有自己。自救是摆脱厄运的唯一武器。是的，当你身遭痛苦与不幸之时，你可以诅咒命运的不公，但绝不可以放弃心中的勇气和希望。不要总是依赖别人，把一切希望都寄托在别人身上，而要依靠自己解决问题，最能依靠的人只能是你自己。

博格斯的身高只有1.6米，是NBA有史以来破纪录的矮子。他的成就纯粹是他自强不息的结果。

博格斯从小就非常热爱篮球，当时他就梦想有一天可以去NBA。每次博格斯告诉他的同伴："我长大后要去NBA"时，所有听到他的话的人都忍不住哈哈大笑。

同伴的嘲笑并没有阻断博格斯的奋斗，他用比一般高个人多几倍的时间练球。随着时间的推移，他的球技也不断提高，终于成为全能的篮球运动员，也成为最佳的控球后卫。他懂得充分利用自己矮小的优势：行动灵活迅速，像一颗子弹一样；运球的重心最低，不会失误；个子小不引人注意，抢球常常得手。

1986年7月，博格斯入选美国队，参加在西班牙举行的第10届世界男篮锦标赛。刚开始时，他并不为观众所注意，但他最终以自己精湛而出色的球技赢得了对手的尊重与观众的喝彩。最后，他帮助美国队战胜苏联队获得冠军。

通过不断的努力，博格斯终于成为NBA球场上一颗闪亮的明星。在高个如林的NBA中，矮小的博格斯是表现最杰出、失误最少的后卫之一。他控球一流，远投精确，凭借自己超人的篮球才华闯出了一片亮丽天空。

当一个身高1.60米、体重64公斤的男孩儿到NBA赛场上打球时，别人感受到的是好玩儿，当一个有着同样身高和体重的人在NBA混了14年时，别人感受到的却是震惊和伟大！博格斯就是在别人的震惊中走过了伟大的14年。博格斯说："我的确太矮，在高水平的职业篮球赛中闯出一番天地不容易，但我相信篮球并不是专让高个子打的，而是让那些有篮球才华的人打的"。而从前那些听说他要进NBA而笑倒在地上的同伴，现在常常炫耀地对人说："我小时候是和博格斯一起打球的。"

当然博格斯常说的话题是篮球，他总是对孩子们说，"身材矮小并不代表一切，只要你付出比大个儿更多的心血，并坚持努力奋斗，你也有可能成为NBA选手或是体育明星。"

其实，真正的救世主不是别人，而是自己。在各种缺陷面前绝不要退缩和消沉，要凭着自强不息的力量战胜缺陷。自强不息的精神是每个人成长的支柱。有了自强不息的精神，就会产生信心，就能充分发挥自身的潜能掌控命运。

要将命运掌握在自己手里。如果一味地将自己的命运交由别人主宰，在逃避掉所有的责任与打击的同时，我们还将失去做人的资格。要敞开胸怀接纳命运赋予我们的一切，要从各种磨难中汲取智慧和勇气，然后用这些去开拓属于自己的生活。有了自强不息的精神，就能排除千难万险，突破人生的困厄走向未来。

一切必须依靠自身的奋斗获取

作为父母，总要或多或少地给孩子各种各样的帮助，比如要养育他们、教诲他们、关爱他们、鼓励他们……可以说，孩子从呱呱坠地那一刻起，就已开始接受父母给予的种种帮助。然而，这导致许多孩子会过重地依赖父母。这样的人，显然不可能在生活上自立自强、在事业上有所作为。

的确，对于中小学生来说，自立自强才是人生最重要的课题。拥有独立自主的个性和自立能力是立足社会、参与竞争的基础。家长应该让孩子摒弃依赖心理，堂堂正正地靠自己活着，在人生的不同阶段，要尽力让他们达到理应达到的自立水平，拥有与之相适应的自立精神。"总待在窝里的鹰永远也不会飞翔"，要做到自立自强，有时候就要对孩子狠一点，要逼着他经历风吹雨打。

香港巨富李嘉诚为了培养儿子们的独立生存能力，下狠心将他们送到美国去读书。这对于15岁的李泽钜和13岁的李泽楷来说，未免严酷了些。到了美国后，兄弟俩面对陌生的环境，无所适从，更糟的是因为语言不通，他们感到举步维艰。这一次，他们才真正体会到，什么叫做独自面对生活。

无奈之下，兄弟俩咬紧牙关，开始锻炼自己。除了学习，他们要解决的第一个难题就是做饭，他俩开始跟电视上的主持人学烧菜，不长时间，他们就会做好几样菜了。

在解决生活问题后，他俩利用课余时间外出打工，共同骑着一辆自行车。有些熟悉他们的人觉得奇怪："你们的爸爸那么有钱，你们为什么还要这么辛苦？"他俩没说话，只是笑了笑，但他们在心里，其实也赞同爸爸的做法。

兄弟俩从美国斯坦福大学毕业后，想在父亲的公司里干一番事业，但被李嘉诚果断地拒绝了。他说："我的公司不需要你们！你们还是自己去创业吧，让实践证明你们是否适合到我公司来任职。"兄弟俩去了加拿大，一个搞地产开发，一个投资银行。他们克服了难以想象的困难，

　　把公司和银行办得有声有色，成了商界的成功人士。李嘉诚的"冷酷无情"，把孩子逼上自立之路，锻炼了他们自强的品格。

　　想要孩子健康成长，就必须让他丢掉幻想，自强不息。自立能力强弱关系到人的前途和命运。培养自立能力有利于个性的形成和完善，有利于培养健康的心理素质。所以，我们应有意识地培养孩子的自立能力，让他们独自面对生活中可能出现的危险与困难。这样就能避免孩子产生依赖心理，他们就会在克服困难中逐渐增强生存能力。

　　我们不能够给予孩子一切，一切必须依靠自身的奋斗来获取。我们应该明白，与其留下财富还不如留下知识，使孩子学会自立，为了自己而奋斗。只有自主的人，才能傲立于世，才能开拓自己的天地。法国作家加缪说："自立是生存的开始，自立应是一个能使自己变得更好的机会。"

　　吴帆曾去日本留学，深深地体会到什么才是自立生存。留学期间，他边打工边读书，自己赚学费和生活费。他每天上完学校6小时的课后，就用接下来的8个小时去打工，洗盘子、发传单、送外卖……晚上赶完夜工，再去上学，上完学再去超市。做夜工的时候他只能睡两小时。"在日本我一天干12个小时，到家倒在床上就睡着了，"吴帆说，"在日本边打工边读书的这一年多，我才知道'累'字是怎么写的。"吴帆变了很多，最大的变化也许就是自立、对自己负责。他以前上学的时候，总是昏天黑地地玩，根本就是在混日子，但现在他对生活、对工作、对学习都认真多了。问他去日本最大的收获是什么，他说："对自己现在和未来的生活负责任。"

　　自立就要勇于承担生活的责任。自立是优秀中小学生必须闯过的一道难关，也是所有人生存下去必然要走的道路。我们应该自强不息，为了自己而奋斗！命运掌握在自己手中，世界也将在我们的奋斗过程中慢慢展现。

受人轻视时，生气不如争气

　　在我们还没有成功以前，常常会遭遇歧视、侮辱和不公对待，使我们既伤心又愤怒。但是，伤心也好，愤怒也好，都不能解决任何问题。抱怨的结果只能是使人更颓废，更痛苦，因此，在遭遇到轻视的时候，不可专注于灾难的深重，而应当努力去寻找希望，努力去寻求可改变现实的积极之路。

大哲学家尼采说过："受苦的人，没有悲观的权力。"因为受苦的人，必须要突破困境，才能不再受苦，而悲伤和哭泣只能加重伤痛，所以不但不能悲观，反而要比别人更积极。唯一正确的做法是自强自立。俗话说"生气不如争气"，这是一个简单朴素的道理。

美国NBA超级球星奥尼尔，他高中时崇拜的偶像是马刺队的中锋大卫·罗宾逊。在一次球赛后，苦苦等了几个小时的奥尼尔，看到罗宾逊出来就兴冲冲走上前去，请他签名。可是罗宾逊连正眼都没看他，扬长而去。奥尼尔气得把签字本摔在地上，大吼一声："你有什么了不起，我将来一定超过你！"5年后，NBA球场上出现了一个超级中锋，他就是"大鲨鱼"奥尼尔，在球场上见谁灭谁，所向无敌，尤其见了罗宾逊，更是发狠，每次都把罗宾逊打得丢盔卸甲。

一个人不应该埋怨这个世界太势利，他应该埋怨自己没志气。我们每个人都渴望别人的尊重，但在别人尊重你以前，不妨先想一下，别人凭什么要尊重你？从这个意义上来说，一个人不受尊重，是因为他不那么值得别人尊重。鲜花和掌声只是他梦想的荣耀，轻视和白眼却是他此时应享的待遇。想通了这个问题，人就比较容易变得心平气和，说不定还会因此鼓起奋斗的勇气。

不管出身低微，还是处境艰难，都不要寄希望于他人的礼遇，唯有保持应有的人格力量，直面人生，当说时就说，当做时就做，别畏首畏尾，就不会轻易让人看不起。人立命于世，首先要自尊自重，遭到歧视，决不要低头，而应该立志，为自己争一口气。

　　李阳是"疯狂英语"的创始人，"李阳疯狂英语"让世界语言教学界为之疯狂。但没有人会想到，李阳却是一个从小自闭、怕说话、连电话都不敢接的人。

上大学时，李阳的英语成绩非常糟糕，尤其是听力和口语。一次，老师叫李阳回答一个简单的问题，李阳明明知道这个问题的答案，可就是说不出来。于是他对老师说："我可以写在纸上再给你看吗？"同学们都哄堂大笑。老师生气地说："这么简单的句子都说不出来，你还是大学生吗？"接着老师又转过身去对同学们说："如果你们不好好学习口语，就会像李阳这样！"，"就像李阳这样"这句话深深地刺痛了他。从那时起，他就下定决心，非要把口语练好不可！

李阳憋着一口气，开始疯狂地练习英语。他每天早晨坚持到学校后面的小山上去练习口语，练习的时候，不是说，而是大声地喊出来，更让人不可思议的是，他的嘴里竟然含着小石头。李阳认为，口语不好，主要是两个原因：一是胆子小，不敢说；二是发音不准，说出来别人也听不清楚。喊英语，能练胆子；含石子，能练发音。就这样，李阳坚持不懈地练习口语，风雨无阻。遇见熟人，也不怕别人耻笑，即使别人骂他是疯子，他也毫不在乎。

功夫不负有心人，奇迹终于出现了，3个月后，李阳不仅能流利地回答出英语老师的问题，甚至还为老师纠正部分错误的发音。时至今天，"李阳疯狂英语"成了英语学习产品当中最响亮的一块牌子。

李阳后来这样说："无论是目前找工作，还是参加工作以后，我们都会面对许多意想不到的困难，只要自己有信心面对，就能常胜不败。"

别人可以轻视我们，但我们自己不能轻视自己。面对屈辱，我们要努力把它变成好事。当别人蔑视你，嘲笑你，嫉妒你，排挤你时，你只有一种方式回应，那就是要做得更好。当受到屈辱时，要化悲伤为力量、从中汲取智慧和勇气，然后一心一意地向前奔跑，努力开拓属于自己的生活，掌握自己的命运。

人生必须渡过逆流才能走向更高的层次，最重要的是永远看得起自己。这个世界并不掌握在那些嘲笑者的手中，而恰恰掌握在能够经受得住嘲笑不断往前走的人手中。不管你自身条件怎样不好，别人怎样怎样排挤、轻视你，只要你能鼓舞起志气，这股力量就会促使你不断向前，成为优秀的自己。

在恶劣的环境中创造生存空间

我们经常以为一个人的发展深受环境所影响，有什么样的遭遇就有什么样的人生。这确实有一定道理。但从根本上说，影响人生的绝不是环境，也绝不是遭遇，而得看我们对这一切是抱什么样的态度。西点校长道格拉斯·麦克阿瑟深信："环境不是不可改变的，只要你不是自怨自艾或垂头丧气，而是奋发图强，为自己创造更炫耀的前程。"

有这样一个冷酷无情的父亲，他嗜酒如命且毒瘾甚深，有好几次差点把命都给送了，就因为在酒吧里逞一时之勇而犯下杀人罪，被判终身监禁。

他有两个儿子，年龄仅相差一岁，其中一个跟他一样有很重的毒瘾，靠偷窃和勒索为生，后来也因犯杀人罪而坐牢；另外一个儿子就完全不一样，他担任一家大企业的分公司经理，有美满的婚姻，养了三个可爱的孩子，既不喝酒更不吸毒。

为什么同是一个父亲，在完全相同的环境下长大，两个儿子却会有截然不同的命运？在一次个别的私下访问中，记者问起造成他们现状的原因，二人的回答竟然是惊人的一致："有这样的老子，我还能有什么办法？"

人生到底是喜剧收场还是悲剧落幕，是惨淡还是灿烂，全在于你到底保持什么样的信念。面对人生困境，自暴自弃还是奋发图强，其结果是截然不同的。

逃避现实只会使人生的境况变得更糟。当你对家境极度不满，当你想要指责命运的不公时，应该试着学会正视现实。在恶劣的环境中，应该激发斗志，凭借这种力量去打破环境和条件的局限，发现一条新路。法国作家罗曼·罗兰说过："只有把抱怨别人和环境的心情，化为上进的力量，才是成功的保障。"

拿破仑幼时的生活是十分清苦的。他的父亲是出身科西嘉的贵族，后来家道中落而一贫如洗。但他仍多方筹措费用，把拿破仑送到柏林市的一所贵族学校去求学。拿破衣衫破旧，生活窘迫，因此常受那些贵族子弟的欺负和嘲笑。

就这样，拿破仑忍受着那些同学的过分行为，继续求学了5年之久，直到毕业为止。在这5年里，他吃尽了同学们的各种欺负凌辱，但每受到一次欺负和凌辱，就愈使他的志气增长一分，他决心要把最后的胜利拿给他们看。

他心里暗自计划，决定好好痛下苦功、充实自己，使自己将来能够获得远在那些纨绔子弟之上的权势、财富和荣誉。因此，当同伴们利用闲暇时间自娱时，他则独自苦干，把全部精神都放在书本上，希望用知识和他们一争高下。

拿破仑读书有着明确的目的，他专心寻求那些能使他有所成就的书来读。他在孤寂、闷热、严寒中，从不间断地苦学好几年，单单从各种书籍中摘录下来的文摘，就可印成一个四千多页的巨书。此外他更把自己当成正在前线指挥作战的总司令，把科西嘉当作双方血战的必争之地，画了一张当地最详细的地图，用极精确的数学方法，计算出各处的距离远近，并标明某地应该怎样防守，某地应该怎样进攻。这种练习，使他的军事知识大大进步。

拿破仑的上级认识了他的才学之后，就将他升任为军事教官。从此，他便逐渐飞黄腾达起来，直到获得全国最高的权势。

不要把各种失败不幸归咎于环境，因为这样只会使自己处在困境中更加堕落。明智的人会自行创造出各种有利于自己的环境，而不是被一般世俗的环境所影响。拿破仑曾说过："我会设法创造或改造那些对我有影响的环境。"只要有自己创造环境的决心，命运是掌握在自己手中的。

环境束缚着我们，同时也为我们提供着发展的机遇和条件。一个人能不能在成长过程中有所发展，首先就要看他有没有改变生存环境的决心。人生历程中没有平坦的路可走，在各种困苦环境中，拥有自强的决心，就能如意地拓展人生之路，实现命运的跃升。

第五章

承担责任，才有可能肩负重任

要想将孩子培养成人才，那么首先就要培养他的责任心。对孩子责任心的培养应该从小处着手，从小抓起。生活中，自己的事情要自己做。对事情负责，可以让人得到锻炼，可以增进能力。对他人负责，可以赢得信任。只要让孩子学会承担责任，就能够逐渐变得优秀。

责任感：健全人格的基础

责任感是每个人的第一素质。微软董事长比尔·盖茨常说："人可以不优秀，但不可以没有责任感。"如果把孩子的成长之路比喻成一座大厦，那么责任感就是这座大厦的基石。

责任感是指个人对自己和他人、对家庭和集体所负责任的认识、情感和信念，以及与之相应的遵守规范和履行义务的自觉态度。责任感是健全人格的基础，是能力发展的催化剂，也是人日后能够立足于社会、获得人生幸福至关重要的人格品质。

现在各大企业在招聘人才时，都强调"有责任感"。曾经有这样一则消息，内容是河南人才网对100多家用人单位的人事主管作了采访调查，发现他们在挑选大学毕业生时，看重的因素依次是——责任心、团队精神、进取心、人际协调能力……其中责任感被排在第一位。如果说能力像金子一样珍贵，那么责任感则更为宝贵，人的所有履历都排在勇于负责的精神之后。

不管做什么事情，都要时刻记住自己的责任。责任感是个人生存的基础，也是让人在激烈竞争中脱颖而出的力量之源。具备责任感的人总是能不畏艰难，想尽一切办法把事情做得出色，并且不断超越自我。

中国入世谈判首席专家龙永图曾说过这样一则见闻：

在国外的某一天，在一个洗手间里，他听到隔壁哗哗的水声，就好奇地前去察看，只见一个小男孩正在那儿费力地修理着水龙头。一问才知道，原来这个小男孩上完厕所以后，因为冲刷设备出了问题，他没有把脏东西冲下去，因此他就一个人蹲在那里，千方百计地想修复它。而他的父母、老师当时并不在身边。这件事令他非常感慨：一个只有七八岁的小男孩，竟然有如此强烈的负责精神，可见其父母的教育是成功的。

他问男孩为什么要这么做？男孩回答说："这个水龙头虽然是公用的，但它既然坏了，我作为使用的人就有责任把它修好。"

"我有责任把它修好"，男孩朴实的话语体现出了一种强烈的责任感，尽管水龙头并不是他弄坏的，但是他觉得他有责任对公共设施进行维修。

责任感是什么呢？责任感是主动认真，是把每件小事做到位，是出现问题时不逃避、不推诿。有了责任感，才会把自己的事情与别人的事情联系起来，才会产生自我价值感。要想将孩子培养成人才，那么首先就要培养他的责任感。使他将自己的生命与家庭、社会联系起来，看到自己对家庭对社会的影响与作用，从而产生价值感，进而激发其承担责任的动力与热情。责任感是成长的支点，是使人真正走向成功的基石。一个人有了责任感就有了美好的未来。

　　詹姆斯·伍兹是美国著名演员，曾先后获得金球奖和埃米金像奖。

　　詹姆斯·伍兹认为自己能有所成就，首先要感谢自己的父亲，他说父亲教会了自己承担责任。

　　在詹姆斯9岁的时候，父亲要做心脏手术，输血的血型配得不够好，结果产生输血反应。他父亲意识到情况很糟，他在去世前想要为他们已经抵押出去的住房买份保险。他父亲对他母亲说："这笔投资是省不得的。要是我有什么不测，你和孩子们还能住在这幢屋子里。""我们没钱买保险。"母亲反对说。

5个月后，詹姆斯的父亲去世了。他母亲想，这下我们要被扫地出门了。但在3个星期后，保险公司的理赔员带来了一张支票，这笔钱正好是他们所欠的房款。原来他父亲在去世前自己设法偷偷省下钱，买了抵押保险，一直在缴付保险费。现在他安静地躺在墓地里，却还在关怀和照料着他们。

詹姆斯时常想起父亲说的那句话："一个男人，要赢得尊重，就必须承担起自己的责任。"父亲用他的一生对这句话作出了最好的阐释。而这句话也已成为詹姆斯·伍兹的人生准则。

"没有责任就没有尊重，没有责任更不可能有成功。"詹姆斯·伍兹用父亲给他的教育结合自己的感受，给年轻人以劝诫，希望他们能担负起家庭和社会的责任。

每一个人，都在这世界上扮演着某种角色，承担着某种义务或责任。仔细地想一下，我们是否承担起了自己的责任？责任不是我们想不想，也绝不是我们要不要，而是我们必须要肩负的。有了责任，才能在努力奋斗的过程中，不断成长。

现在很多孩子最被人诟病的就是缺乏责任感。没有责任就得不到尊重，没有责任更不可能成长。从现在起，家长必须努力使孩子成为一个称职的责任者。不管做什么事情，无论在什么样的情况下，都要让他对自己的所作所为负责。敢于负责任是一个人应具备的基本素质。只要不推脱、不逃避，敢于承担责任，就能够逐渐步入优秀者的行列。

犯错时，主动承担责任

生活中，我们经常听到"这不是我的错""这事儿与我无关"之类的话，我们甚至会看到一些孩子以抵赖、狡辩等方式推卸责任，或者为推卸责任而寻找借口。这些都折射出其责任意识的缺乏。

借口或许能推卸掉本应由自己承担的责任，心理上得到暂时的平衡。但总是这样，则害处很多。如果养成寻找借口的习惯，当遇到困难和挫折时，就会消极地逃避，其潜台词就是"我不行""我不可能"，这种消极心态最终会让人一事无成。

孩子造成种种过失的时候，许多家长往往会代替孩子承担责任。于是，孩子什么责任也不必负，家长则留下来承担责任，又是道歉，又是赔偿，试图事后再回家处罚孩子。其实这样教育孩子，导致孩子不会真正反省自己，效果自然也不会太好。

对于错误，唯一的挽救方法就是及时主动承担责任。推脱和掩盖只会让错误继续下去，且越走越远。只有勇敢地扛起责任，才能获得他人的信赖，并最终有所成就。

"不能因为你小就原谅你的错误，你应该学会对自己的言行负责。"在现实生活中，家长要试着让孩子承担责任。日本企业家松下幸之助说过："勇于承担责任就像是树木的根，如果没有了根，那么树木也就没有了生命。"个人能力固然有大小之分，但只要能够勇敢地担负起责任，认认真真地做事，那么就能创造出价值，就能赢得青睐和认可。

　　罗纳德·里根是美国第40任总统，他是个小时候就懂得承担责任的人。

　　1920年，11岁的罗纳德·里根在他家门前的空地上踢足球，一不小心，踢出去的足球不偏不倚地打碎了邻居家新装的玻璃窗。一位老人立即愤怒地从屋里跑出来，向惊慌失措的里根索赔12.5美元。

　　回到家，闯了大祸的里根怯生生地将事情的经过告诉了父亲，希望父亲会替他担起这份责任。没想到，一直宠爱他的父亲却要他对自己的过失负责。父亲说道："家里虽然有钱，但是你闯下了祸，就应该由你自己对过失行为负责。"过了一会，父亲还是掏出了钱，严肃地对里根说："这12.5美元我暂时借给你赔人家，但是一年后你必须还给我。因为，承担自己的过错是一个人的责任，是责任你就不能选择逃避。"

小里根把钱还给邻居后，把课余时间统统利用起来做所有他力所能及的工作。经过半年的不懈努力，里根终于挣够了12.5美元，并自豪地交给了他的父亲。父亲欣然拍着他的肩膀说："一个能为自己的过失行为负责的人，将来一定是会有出息的。"

后来，在里根的一生中，他遇到了很多次必须做出选择的情况，每次他都选择负担起自己的责任，从不逃避。他在获得自己梦想的职位后，又一场经济危机使他的前行之路阻碍重重。这次他担负起引领当时世界上第一强国走出困境的责任。他成功了，8年后他把一个开始复苏的美国交到继任者手中。罗纳德•里根在回忆往事时，深有感触地说："那一次闯祸之后，使我懂得做人的责任。"

一次偶然的过失让一个孩子明白了责任不允许逃避，只能勇敢承担，向人家道歉、赔偿损失。敢于认错是勇敢，敢于改错是担当。勇于担当的人，才有力量肩负重任。

主动承担责任的人，就会感到身上有一股无形的压力；有无形的压力，就会有信心把自己承担的责任承担到底。承担责任会让人学会许多一生受益的东西，比如勇敢、坚强、永不放弃。这些都能在日后把自己的人生变得充满光彩。对于只想随心所欲生活的孩子而言，承担责任会让他毫无头绪的人生变得目的鲜明，让他在人生之旅上迈出的每一步都有意义。

所以，家长要让孩子对自己的所作所为负责。著名教育家茨格拉夫人说："必须教育孩子懂得他们不同的一举一动能产生不同的后果，那么随着时间的推移，孩子们一定会学得很有责任感的。"

事实确实如此，只有让孩子懂得自己的行为将会产生什么后果，他才会对自己的行为去负责任。对自己负责可以得到发展，对事情负责，可以增进自己的能力，对他人负责，可以赢得信任。

培养责任感：从小抓起，步步深入

具有责任感是孩子重要的品质之一，可为什么如今的孩子却普遍缺乏责任感呢？除了其自身原因外，更重要的一个原因是：家长的过分控制和保护，让孩子没有为自己负责的意识，从而丧失了自己负责的能力。

孩子很小的时候，偶尔跌倒，家长总会装模作样地打上几下地面，并念叨着："看它还敢不敢让我宝宝疼，打它，打它。"从那时起，错误就已经犯下，这样做会让孩子以后凡遇到不顺的事，就很自然把问题归结为外在因素。有的父母教育孩子要听话，管好自己，孩子默默的听从，他们便觉得只要"听话"，根本就不需要承担更多的其他责任。责任心就这样一点一点被丢掉，被扼杀。

孩子之所以缺乏责任心，很大程度上源于家长。要想让孩子适应未来发展的要求，培养孩子的责任心是每位家长的责任。

艾森豪威尔是美国历史上第34任总统，以敢作敢当著称，这一切都来自于小时候家庭对他的培养。

艾森豪威尔童年时，家里经济条件不好。也正是在这种艰苦的条件下，父母教会了小艾森豪威尔勇于负责的可贵品质。

艾森豪威尔的父母从不会溺爱孩子，他们注意从小就培养孩子做家务。父母还创造出很多条件让他们参加劳动。艾森豪威尔家旁边有一块空地，春天的时候，父母带着孩子们在那儿种上了很多蔬菜。等到秋天收获的时候，几个孩子就负责把菜运到城里去卖，然后用卖的钱买他们需要的衣服和学习用品等等。

有一年，艾森豪威尔的弟弟染上了猩红热，被医生要求隔离，于是妈妈照看弟弟。一天，妈妈把艾森豪威尔叫到跟前，郑重地把家里的一件"大事"委托给了他。这件事就是给全家人做饭。小艾森豪威尔此前根本不会做饭，但是，他决心要负起责任来，把饭做好。开始，妈妈手把手地教他，怎样切菜怎样生火等，他学得极其认真仔细。刚开始手艺不精，常常饭菜做好，家里人吃得皱眉头，叫嚷着难以下咽。后来，越做越熟练，还练就了一手厨艺，家里人都非常喜欢他做的饭。艾森豪威尔高兴极了。

直到晚年，艾森豪威尔还对自己少年时期的这段经历记忆犹新。他常常津津乐道地给别人讲起这件事。他知道，父母在艰苦岁月中教给他的，是终生受用的"责任心"。

要想将孩子培养成人才，那么首先就要培养他的责任心。教育孩子对家庭要负有一定的责任，而不应把孩子看成没有能力的人，这既是对孩子的尊重，又有助于培养孩子的责任心。要让孩子感觉自己和父母一样有责任和义务分担家庭的所有事务和困难。这有利于从小培养孩子对家庭、对亲人的爱和责任感，进而激发其承担责任的动力与热情。

对孩子责任心的培养应该大处着眼，小处着手，"从小抓起"。"从小抓起"有两个含义，一个是指要从孩子年龄较小的时候就注意培养责任感，另一个是指培养孩子的责任感要从生活中的点滴小事抓起。

责任心的培养宜早不宜迟，其实孩子在学校所表现出的一些自主的意愿，如自己挤牙膏、自己洗脸等，都可以说是责任感的萌芽，我们这时要注意给孩子以积极的引导。

对孩子责任感的培养应该从小处着手，让孩子去做一些他力所能及的事情。比如让孩子自己收拾文具，整理房间等。孩子在开始学习动手做事的初期，往往费时较长，效果也不好，所以很多家长宁愿自己动手替孩子做完所有的事情。但是，如果家长一味代替，实际上是替孩子承担了行为后果，这会使孩子对自己的行为没有责任意识。自己的事情自己动手完成，是培养孩子具有良好的责任感的开端。孩子只有学会了对自己的事情负责，才能逐步地发展为对家庭、对他人、对集体负责。

给孩子独立承担责任的机会，是培养责任心好方法。培养孩子的责任感，家长应当鼓励孩子从小学习各类社会角色的扮演，培养团队精神。比如让孩子与同学友好相处，尊敬和配合老师的工作，帮助老人解决困难等。让孩子懂得一个对社会有责任感并为之做出贡献的人才是一个真正有成就的人，鼓励孩子参加各类有益的志愿工作、义务募捐活动等，开拓和提升孩子的思想境界，孩子才能独立主动地承担责任。

当孩子承担了某种责任后，一定要及时给予夸奖和鼓励。简单的一句鼓励可能就会在孩子心中种下责任的种子。失责时应给予适当的批评和惩罚。坚持这样去做，孩子的责任心自然也就培养起来了。

做该做的事，并且把它做好

当孩子培养起了良好的责任感后，在不断做事的过程中会形成一种使命感。使命感就是知道做什么，以及这样做的意义，就是把自己与一件事联系在一起，释放生命的激情。使命感是一种无论给予自己的任务有多么困难，都一定要完成的坚强信念。如果缺少这样的"使命感"，一个人的能力、善良之心、智慧、正直之心都无法持久下去，就很难成为一个真正优秀的人。

有了强烈的责任意识，就会有使命感、对自己高标准、严要求。态度不一样，精神状态、做事质量也不一样。无论身居何处，即使在最贫穷困苦的环境中，如果能带着使命感做事，最后就会获得成就和快乐。

1976年，15岁的贝尔在穷困无奈之中走进一家麦当劳。他被录用了，工作是打扫厕所。虽说扫厕所的活儿又脏又累，贝尔却干得踏踏实实。他常常是扫完厕所，接着就擦地板，然后又去帮着烘烤汉堡包，一件一件地细心学，认真负责地做。这一切都被这家麦当劳的老板彼得里奇看在眼里。没多久，里奇就说服贝尔签署了员工培训协议，把贝尔引向正规职业培训。29岁那年，贝尔被提升为麦当劳澳大利亚公司董事会成员，并先后担任亚太、中东和亚洲地区总裁，欧洲地区总裁及麦当劳芝加哥总部负责人。

做事的质量往往会决定今后的发展。在学习中应该严格要求自己，能做到最好，就不能允许自己只做到次好；能完成百分之百，就不能只完成百分之九十九。每个人都应该保持这种使命感，永远带着热情和信心去工作。任何工作都有其意义。都应该认真负责地把它做好。

沃尔特·克朗凯特是美国著名的电视新闻节目主持人，他从少年时代就开始对新闻感兴趣，14岁的时候，他成为学校自办报纸《校园新闻》的小记者。

有一次，克朗凯特负责采写一篇关于学校田径教练卡普·哈丁的文章。由于当天有一个同学聚会，于是克朗凯特敷衍了事地写了篇稿子交了上去。第二天，《校园新闻》的编辑弗雷德·伯尼把克朗凯特单独叫到办公室，指着那篇文章说："克朗凯特，这篇文章很糟糕，你没有问他该问的问题，也没有对他做全面的报道，你甚至没有搞清楚他是干什么的。"接着，他又说了一句令克朗凯特终生难忘的话："克朗凯特，你要记住一点，无论做什么事，都要具有责任感。"

在此后70多年的新闻职业生涯中，克朗凯特始终牢记着弗雷德先生的训导，对新闻事业尽职尽责。

1963年9月，克朗凯特报道了一个关于约翰·肯尼迪总统在得克萨斯州的达拉斯遇刺的消息。为此，他不顾反对者的威胁、打击，顶住了巨大的压力。节目播出后，整个美国都在观看这一报道。整整三天没有任何商业广告，三大新闻网只有总统身故，以及为肯尼迪总统举行葬礼的报道。这是美国人无法忘记的关于尊严的一幕。自此以后，美国人接受他播报的任何新闻，无论好坏。这是美国人授予克朗凯特的一种特殊荣誉。

克朗凯特的职业生涯证明了一点："讲述真相"是一名优秀记者的职责。他总是为公民了解世界上到底发生了什么的权利和责任呼号。导演西德尼·鲁梅特曾说："他是在一个最容易堕落的行业里最不同流合污的人。"克朗凯特之所以能做到这一切，是因为他具有强烈的责任感。

一个人无法选择事情时，但至少他还是会有一样可以选择：是好好干还是得过且过。在责任和逃避之间，选择责任还是选择逃避，体现了一个人的行事风格和生活态度，也决定一个人的发展。无论做什么事情，都应该尽心尽力，争取做到最好。只要能做好自己该做的事，就算是一种成功。

人们永远尊重尽职尽责的人，如果我们习惯了让别人替自己承担责任，我们将永远亏欠别人；如果我们总是敷衍塞责，我们的腰板永远也不会挺直。当我们尽职尽责时，不管结果如何，我们都是赢家。

第六章

心态积极，眼前将会是光明一片

　　积极的心态是一个人战胜一切艰难困苦的助推器。家长应注意培养孩子的积极心态。当孩子悲观失望时，应通过适时的鼓励和乐观态度的传递，使他拥有积极心态。培养积极心态，这是心理健康的前提，也是成就人生的关键。凡事乐观对待，人生将会是一片光明。

换种心态，能够把不幸变为幸福

　　我们每个人都不可避免地要经历种种艰难困苦，保持一种什么样的心态，将直接决定你的人生轨迹。美国前国务卿黑格说："重要的不是到底发生了什么不幸的事，而是你以什么心态对待它们。"如果用消极颓废、悲观沮丧的心态去对待，那么，好机会也会成为坏机会。如果用乐观旷达、积极向上的心态去看待，那么坏机会也会成为好机会。

　　悲观者只看到机会后面的问题，乐观者却看到问题后面的机会。积极的人在每一次忧患中都看得到机会，而消极的人则在每个机会中都看到某种忧患。

　　雨后，一只蜘蛛艰难地向墙上已经支离破碎的网爬去，由于墙壁潮湿，它爬到一定的高度，就会掉下来，它一次次地向上爬，一次次地又掉下来……第一个人看到了，他叹了一口气，自言自语："我的一生不正如这只蜘蛛吗？忙忙碌碌而无所得。"于是，他日渐消沉。第二个人看到了，他说：这只蜘蛛真愚蠢，为什么不从旁边干燥的地方绕一下爬上去？我可不能像它那样愚蠢。于是，他变得聪明起来。第三个人看到了，他立刻被蜘蛛屡败屡战的精神感动了。于是，他变得坚强起来。

困难是任何人都会遇到的，困难可以将人击垮，也可以使人重新振作，问题是如何养成积极的心态。抱怨是无济于事的，不妨及时调整一下自己的心态，重新审视自己，转变观念，改变思考和行为方式。面对生活的困境，要积极地为创造无限美好的未来而努力。

在日本，有一位每天坚持写一篇"快乐日记"的企业老总，他就是日本最大的零售集团"八佰伴"公司总裁和田一夫。

1929年，和田一夫的父母开办了一间名叫"八佰伴"的蔬果杂货店。作为家中的长子，和田一夫从18岁开始，边学习边帮助父母打理店中生意。年纪轻轻的和田一夫凭着其商业天聪，已经感觉到，八佰伴要发展，就必须改革。但就在和田一夫准备提出自己的合理化建议的时候，八佰伴经历了一次重大挫折。

1950年4月13日，八佰伴商店在一场无情的大火中毁于一旦，化为灰烬。面对焦黑的废墟，父亲无法承受20年心血付之一炬的沉重打击，当场就晕厥过去。

看到这样的惨状，和田一夫心里暗暗发誓："不能就这样屈服！我要尽全力协助父母亲，再次把八佰伴的招牌挂起来，还要把八佰伴的业务伸展到全世界去！"只在一天之内，和田一夫就已摆脱绝望，化悲痛为力量了。和田一夫重新挂起八佰伴的牌子，继续小生意的经营，准备从零开始！

33岁时，他正式接替父亲的社长职位。从此，八佰伴进入和田一夫时代。和田一夫将一家乡下蔬菜店，建设成为国际流通集团。但1997年，因为经营不善，公司宣布破产，在一夜之间跌入低谷。一夜间，和田一夫变成一个连累八佰伴股东和员工的罪人。夫妇俩最终决定宣布"自我破产"，交出所有财物，向企业界告别，搬到一个租来的两室一厅。

当时和田一夫已是72岁的老人了。但"八佰伴"的倒闭并没有压垮和田一夫心中的信念和快乐。在经历了最初的痛苦、伤心、绝望之后，他在书籍之中寻找慰藉。他和几个年轻人合作，开办了一家网络咨询公司。面对新的行业，他充满自信，脸上始终绽放着微笑。他快乐、热情和积极的人生态度，终于感动了顾客，没有多久，他就把生意做得红红火火，做出了人生的又一片"艳阳天"。

有记者问和田一夫，为什么他能在如此短的时间内反败为胜，东山再起？和田一夫快乐地回答："火凤凰必将重生，在燃烧自己后，会再创新天地，大不了从零开始。"

生活处处有磨难，关键在于用怎样的心态去面对。消极的心态让人对将来总感到失望，因而限制潜能的发挥。积极的心态能使人充满力量，去获得财富、幸福和健康，攀登到人生的顶峰。

在人的一生中，谁都难免会遇上一些不幸之事，悲观者常被不幸打败，而乐观者则往往能从不幸中看到希望，从而去积极改变自身的遭遇。所以，我们要培养能够带给自己平安和快乐的心态。成功学大师拿破仑·希尔认为："积极的心态是人人可以学到的，无论他原来的处境、气质与智力怎样。"要培养孩子的积极心态，家长应注意引导。在孩子的成长过程中，总是会不断遇到各种各样的挫折与失败，这肯定会使他产生消极情绪，家长应通过点滴的引导、适时的鼓励和乐观态度的传递，使他拥有积极心态。

要用乐观态度去影响孩子，孩子如果感受到了你的积极，他会信心倍增，人生方向感也越来越强烈。心态积极，能力便能发挥到极致，好的结果也随之前来。培养积极的心态，凡事多往好处着想，也许就能够把不幸变为幸福。

可以接受失望，但不要放弃希望

在人生道路上，困难和挫折是难免的，人生起起落落也无法预料，但是有一点我们一定要牢牢记住：永不绝望，每天给自己一个希望。

希望是引爆潜能的导火索，是激发激情的催化剂。每天给自己一个希望，就是给自己一个目标，给自己一点信心。生命是有限的，但希望是无限的，只要我们不忘每天给自己一个希望，我们将活得生机勃勃，拥有丰富多彩的人生。

黄秋生几岁时，父亲就抛弃了他和母亲，因为生活所迫，他高中时便辍学开始谋生：帮花店送花、当汽车修理厂学徒……那时候，依靠他打工支撑的家连维系一日三餐都很困难。想到长久以来的挣扎、无助的现实，以及难见光明的未来……他心灰意冷，甚至想放弃生命。母亲总是不动声色地安慰着他："看看明天会发生什么。"

黄秋生根本不知道明天会发生什么，但他一直希望有朝一日能够成为一名电影演员。他决定为这个梦想拼搏一下。他首先进入到一家演艺学习班学习。毕业后，他终于在一部电影中获得一个配角角色，他凭借着出色的表演一下成名。然而，成名没多久，他就又跌入低谷。接连几年没有任何片约，生活再一次没有保障，未来再一次一片迷茫，他患上了抑郁症，每天盘桓在他脑海中的一个词就是自杀。

他开始日复一日地渴望从所居住的15楼的窗口跳出去，结束所有的苦难，获得永久的自由。

母亲一次又一次地劝慰着他："看看明天会发生什么。"他终于在母亲的激励中走过困境，又开始了对梦想的追逐。

今天，他已经获得香港金像奖影帝，事业成功。

"看看明天会发生什么"，这简单的一句话却禅机无限。当今天所有的机会都丧失，所有的希望都崩溃，所有的依靠都折断，再没有什么可以抓握的时候，我们还有明天可以期望着。什么都没有的时候，还可以坚持到明天，看看明天会发生什么。就如同在冬天里坚持到春日来临，或许明天就是花开的日子。

当我们怀才不遇时，当我们受压制、被埋没的时候，如果因此放弃希望，那生命就会成为一具空壳，永远开不出花朵。无论人生的前景多么黯淡，哪怕看不到一丝亮光，也要把希望的种子耐心珍藏。无论遭受多少艰辛，无论经历多少苦难，只要一个人的心中还怀着一粒希望的种子，那么总有一天，他就能走出困境，让生命重新开花结果。

随着《哈里·波特》畅销世界，它的作者凯瑟琳·罗琳成了英国最富有的女人。然而罗琳在未成名前，生活曾经一度穷困潦倒，她甚至想要自杀，但最终还是咬牙熬过了那段最艰难的岁月，迎来了今天的成功。

罗琳从小就热爱读书，热爱写科幻类故事，而且她一直在坚持。大学毕业后，她和一名葡萄牙记者坠入情网，并很快结婚。无奈的是，这段婚姻很快就结束了。1993年，罗琳带着3个月的女儿杰西卡回到了英国，住在爱丁堡市一幢狭窄的平房中。不久，罗琳失业了，她的生活一下子变得异常艰难，不得不靠救济金生活，经常是吃了上顿没下顿。走投无路的罗琳陷入极度的沮丧之中，心情抑郁的她一度想要自杀。罗琳回忆说："让我放弃这一念头的，可能是我的女儿。我想我的想法是不对的，我应该振作起来。"

家庭和事业的失败并没有打倒罗琳，她开始更加发奋地写作，常常连续工作长达十几个小时。到了冬季，由于室内没有暖气，她便带着女儿到附近一家咖啡馆写作，她将《哈利·波特》的故事写在小纸片上，这样可以省钱。无论生活怎样艰辛，罗琳都没放弃写作。当同龄人利用闲暇时间自娱时，她则独自苦思苦写，摸索和完善故事及人物的性格，把全部精力都投入到书稿中。她在贫困、闷热、严寒中，从不间断地写了6年。42岁时，她终于完成了《哈利·波特》系列小说，这部作品引起全世界的轰动。

成功后的罗琳说："我非常感谢那段真正黑暗的岁月，没有曾经的那段日子，就不会有现在的我。"罗琳告诫我们："在面临任何挫折时，都不要放弃希望！"

在人生的道路上，有高峰就有低谷。低谷往往意味着承受挫折与磨难，这会给人带来痛苦与损失，但也能带给人激励和奋起，更好地挖掘生命潜

能，只看你怎么选择。在陷入困境后，应告诉自己，困境是另一种希望的开
始，它往往预示着明天的好运气。因此，你只有心怀希望，认准目标，一步
步执著向前，才能拥有一片辽阔的天空。

人生就是这样，只要有希望就会有未来。马丁·路德·金说："可以接受
有限的失望，但是一定不要放弃无限的希望。"跟着希望走，春天就会在任何
地方等着你。

热情是可以融化一切的力量

热情是促使人全力前行的翅膀。热情对人非常重要，一旦失去了热情，
就等于失去勇气和信心，那结果就只能是失败。爱默生说："没有热情，任
何伟大的业绩都无法完成。"不少孩子受挫的原因，不是没有能力，也不是没
有机会，而是失去了热情。一个人如果没有热情，他将一事无成，而当他有
无限热情时，任何的困难都会被热情溶化，他就可以成就任何事情。

热情是一种自发的力量，它能使人在困难重重的时候，毫不畏惧，克服
重重困难，创造出奇迹。一个能力平平却保持着热情的人，往往能超越一个
能力很强却毫无热情的人。同样，假如有两个人，以同等的能力、才智、体
力与其他的重要条件开始，会脱颖而出的是那个满腔热情的人。

1907年，法兰克·派特刚转入美国职业棒球界不久，就遭到有生以来
最大的打击，因为他被开除了。球队的经理对他说："无论你到哪里做
任何事，如果提不起精神来，你将永远不会有前途。"

法兰克离开原球队后，在队友的介绍下，他到了新凡。在新凡的第
一天，法兰克就决心变成新英格兰最具热情的球员。他一上场，就好像
全身带电。他强力地投出高速球，使接球的人双手都麻木了。有一次，
法兰克以强烈的气势冲入三垒。那位三垒手吓呆了，球竟然漏接，法兰
克就此盗垒成功了。当时气温高达39 ℃，法兰克在球场奔来跑去，极可
能中暑而倒下去，但他在过人的热忱支持下挺住了。

这种热忱所带来的结果，真令人吃惊。由于热忱的态度，法兰克的月薪由25美元提高为185美元，多了7倍。在往后的2年里，法兰克一直担任三垒手，薪水加到30倍之多。为什么呢？法兰克自己说："这是因为一股热忱，没有别的原因。"

后来，法兰克的手臂受了伤，不得不到一家人寿保险公司当保险员，整整一年多都没有什么成绩，因此很苦闷。但后来他又变得热忱起来，就像当年打棒球那样。

再后来，他是人寿保险界的大红人。不但有人请他撰稿，还有人请他演讲自己的经验。他说："我见到许多人，由于对工作抱着热忱的态度，使他们的收入成倍地增加起来。我也见到另一些人，由于缺乏热忱而走投无路。我深信唯有热忱的态度，才是成功的最重要因素。"

热情就像火种，它能点燃人身上的潜能，让人所有的潜能充分地发出光来。热情是高效率工作的动力，是始终如一高质量完成任务的重要因素，是创造辉煌业绩不可缺少的品质。即使人确有才华，但才华也必须借助热情，才能发挥尽至。美林企业家爱伦·坡在《火一般的精神》中说："热忱是一种力量，它可以融化一切；热忱源自内心，它不是虚伪的表象。热忱使人充满了魅力和感染力。在一个充满热情的人面前，纵然是坚冰也不再冷漠。"

一天，美国作家威·莱菲尔普斯走进一家袜店，一位少年店员迎上来问道："先生，您要什么？您是否知道您来到的地方是世界上最好的袜店？"

少年从一个个货架上拖下一只只盒子，把里面的袜子展现在作家的面前，让他鉴赏。"等等，小伙子，我只要买一双！"作家有意提醒他。"这我知道，"少年说，"不过，我想让您看看这些袜子有多美、多漂亮、真是好看极了！"少年的脸上洋溢着庄严和神圣的喜悦，作家立刻升起了对这个少年的兴趣，把买袜子的事情抛于脑后，他略微犹豫了一下，然后对那个少年说："我的朋友，如果你能天天如此，把这种热心和激情保持下去，不到十年，你会成为美国的袜子大王。"

在你的言行中加入热吧，它是一种神奇的要素，吸引并且影响着人们，同时它也是成就的基石。热情是战胜所有困难的强大力量，它使你保持清醒，使你全身所有的神经都处于兴奋状态，去进行你内心渴望的事；它不能容忍任何有碍于实现既定目标的干扰。

人的一生可能燃烧也可能腐朽，选择燃烧就必须拥有热情！在对孩子的教育上，最大的挑战就是让他保持对生活的热情，坚定明确的奋斗目标，永远让炽热的火焰燃烧，做到这一切，将赢得未来！

拒绝抱怨，用实干赢得未来

在生活中遇到挫折和失败等不如意的事情时，许多人出现在潜意识里的第一个想法就是抱怨。他们习惯于把自己的失败归咎于他人，或者为自己的失败找借口。他们在学习和生活中一不如意，就怨气冲天，牢骚满腹。

大多数人都会觉得抱怨是很好的发泄工具，在受到挫折或面对困难的时候可以缓解自己的情绪，然而往往忽略了这种情绪对自己的严重影响。戴尔·卡耐基说："抱怨会让我们陷入一种负面的工作和生活状态中，会让我们常常在他人身上找缺点。不抱怨的人一定是最快乐的人，没有抱怨的世界一定是最令人向往的。"因此，当你对周围的环境有所不满时，当你对一件事情不喜欢时，不要试图去改变它，因为这些都是无法改变的，唯一能够改变的是你的态度。

有一天晚饭后，年轻的艾森豪威尔跟家人一起玩纸牌游戏，连续几次都抓了一手很差的牌，他开始不高兴地抱怨手气不好。妈妈停了下来，正色地对他说道："如果你真要玩牌，就必须用你手中的牌玩下去，不管那些牌怎样，都要坚持到底！"

他愣了愣，母亲又说道："人生也是如此，发牌的是上帝，不管是怎样的牌，你都必须拿着。你能做的就是坚持到底，竭尽全力，求得最好的效果。"

很多年过去了，艾森豪威尔一直牢记着母亲的这番教导，从来没有抱怨过命运。相反，他总是以积极、乐观的态度，以坚持不懈的意志去迎接命运的挑战，竭尽全力做好每一件事情。

就这样，艾森威尔从一个默默无闻的士兵成为了美国的总统。

当人养成了抱怨的习惯之后，就会变得越来越主观，再也不可能心无旁骛地工作。抱怨只会把自己的问题隐瞒起来，成为问题重重的人，以致最后成为被淘汰者……抱怨虽能减轻个人心中的不快和不满，但却不能使人朝着积极的方面发展，一个习惯将抱怨挂在嘴上的人，只会与成功渐行渐远，滑向失败的深渊。所以，我们应该少一点抱怨，多一些理解。

要想成长，就不要抱怨，而是学会改变。遇到问题，要少发牢骚，多想解决问题的方法。当我们把关注的焦点放在如何解决问题上来，而不是一味地抱怨时，就会更快、更有效地解决问题。

　　1993年诺贝尔文学奖获得者、托妮·莫里森是美国著名黑人女作家。由于家境贫困，她从12岁开始，每天放学以后，她都要到一个富人家里打几个小时的零工。

　　工作要求繁多，又十分辛苦。有一天，她实在忍不住向爸爸抱怨起来："这个工作又累又寒碜，工钱少得可怜，最糟糕的是琼斯太太总在挑我的毛病，我快受不了了。"她爸爸放下手里的活，很平静地说："你每天做工的时间只不过占你生活的一小部分。你不是'擦地板'，不是'洗衣服'，你是你自己。琼斯太太批评的是你'擦地板'和'洗衣服'的方式，而不是你本人。"

　　见她没太听明白，爸爸又进一步劝导她说："如果你不想做下去就去辞工。但是如果你想做下去，就要好好干。决定工作做得好与坏的人是你，而不应该让好工作或者坏工作来左右你。孩子记住，你把工作干得漂漂亮亮不是为了琼斯太太，而是为了你自己。"

　　莫里森后来回忆说，从爸爸的这番话中，她领悟到了人生的四条经验：一、无论什么样的工作都要做好，不是为了你的老板，而是为了你自己；二、把握你自己的工作，而不让工作把握你；三、你真正的生活是与你的家人在一起；四、你与你所做的工作是两回事，你该是谁就是谁。

第二天莫里森又做起了钟点工。但在她眼里，琼斯太太不再是一个苛刻的雇主，而是一个能让她把工作干得更好的指导老师。每次她找出什么毛病，莫里森都愉快地接受。渐渐地，女主人对莫里森的态度越来越好，莫里森也学会了很多东西。虽然别人都觉得不可思议，但莫里森在琼斯家整整干了一年半，直到毕业后才离开。

在那之后，莫里森又为形形色色的人工作过：有的很聪明，有的很愚蠢；有的心胸宽广，有的小肚鸡肠。但她从未再抱怨过。

生活中，其实每个人都会经历各种各样不如意的事情，智者不会老是怨天尤人，他会检讨自己，并再接再厉。一味地抱怨不但于事无补，有时还会使事情变得更遭。所以，不管现实怎样，你都不应该抱怨，而要靠自己的努力来改变现状并获得幸福。

没有人会想让自己痛苦、失败地过一辈子，那么就让自己首先拥有一棵快乐而不抱怨的心吧！与其抱怨无边的黑暗，不如用实际行动点亮前行的旅途。当现实与你的期望不符时，不要抱怨。就算生活给你的是困苦和不幸，你同样能把它们踩在脚下，向上攀登。

▶ 下 篇

梦想—— ▶ ▶ ▶
拥有梦想并付诸行动，一切皆有可能

对于中小学生来说，立志是头等大事。我们应引导孩子从小树立起明确的志向。有了理想及追求，就有了行动的内驱力。化梦想为现实的道路，是勤勤恳恳去做的过程。我们应引导孩子将梦想和奋斗结合起来，以积极有效的行动追求梦想，这样就会一步步向前发展，不断高飞。

第一章

树立志向，志向是追求的原动力

树立什么志向，关系着中小学生的未来走向。人生之所以迷茫，归根结底主要是因为没有明确的志向。没有志向，就会日益消沉，茫然叹息。有了高远的志向，就会自我激励，奋发向上，永远向着光明的前方奋进。我们也会因此不断提升自己，不断前进。

志向是所有成就的萌发点

有教育专家提出：孩子没有聪明和愚笨之分，只有有志向和没有志向的区别。因此，要培养优秀的孩子，就要让孩子树立志向，就是设计自己的一生：树立什么样的理想，从事什么样的事业，成为一个什么样的人。志向不仅是奋斗目标，更是重要的精神支柱，是推动人们付诸行动的强大动力。它能促使人们为实现自己的志向付出努力，勇敢地克服困难和挫折，最终实现自己的理想。

古今中外的许多事实表明，一个人在人生的起跑线上，树立什么志向，确实关系着他的前途命运。有了高远的志向，就会自我激励，奋发向上，有所成就。正如道格拉斯·勒顿说的："要想有所成就，首先要弄清自己的志向是什么。"有了志向，就有了人生方向。有了志向，就有一股无论顺境逆境都勇往直前的动力。对于孩子来说，雄心壮志是永恒的特效药，是所有奇迹的萌发点。

孩子会成为什么样的人，会有什么样的成就，就在于小时候的志向是什么。教育专家蔡笑晚坚信"从小立大志的孩子，不会满足于现状，取得成绩后，还有更上一层楼的决心和气魄"。蔡笑晚家中的墙上贴满了著名科学家的画像，他一有空就给孩子们讲这些科学家的故事。在蔡笑晚的引导下，孩子们坚定地说将来要当中国的牛顿、居里夫人。蔡笑晚说："我鼓励孩子长大以后干大事业，读博士、做科学家、成名成家，我觉得这特别重要。"

人之伟大或渺小都取决于其志向。一旦有了远大的志向，就会富有创造性的实践。追求的目标愈高远，自身的潜能就发挥得愈充分，其才能就愈能快速地发展。

在邵亦波读高一的一天，班主任把他叫到办公室说："上海交大愿意接收你直接跳级读大学，你自己先考虑一下，再回家和父母商量一下吧。"邵亦波在兴奋过去之后，冷静地问自己："我是应该这样四平八稳地继续发展呢，还是尝试到外面更广阔的天地去看看？"在他的心底逐渐浮起了一个更远大的志向。

邵亦波决定放弃进交大的机会，但生怕遭到父母的反对。当天晚上，他硬着头皮将自己的决定告诉了父母。出乎意料的是，父母听完他的决定和理由后，竟没有表示反对，反而很支持。这时邵亦波才知道，原来他的决定和父母的想法正好不谋而合。父母正在担心他没有什么大志，一个交大就让他满足了，从此不思进取。父母都鼓励他去国外发展，他父亲认为，"对于一个年轻人而言，出国求学能使人对世界有一份感性认识。有了这样开阔的眼界，以后肯定会更成功。"

在父亲的鼓励下，邵亦波从此更加努力地学习，成绩始终名列前茅，还在多次全国数学竞赛中拿了大奖。

18岁的时候，邵亦波的愿望实现了。在那一年，他两次在美国高中数学邀请赛中荣获特等奖，因此被哈佛录取，给了他全额奖学金。

1999年，邵亦波带着在美国融资到的40万美元资金和他的哈佛MBA学位，回到阔别8年的祖国，开始了创业，并最终获得成功。

多年以后的邵亦波回想起来，还是由衷地感激父母对他的鼓励和支持，他动情地说："我所取得的一切，都应该归功于我的父母。他们从小就教导我要树立远大理想，这是我成长的关键。"

邵亦波之所以拥有强大的动力去不断努力，主要在于他有远大的理想。志向作为一种价值目标，它能够激发人的意志和激情，产生一种强大的进取动力，促使人不断向目标靠近。斯宾塞·约翰逊认为："理想如果是笃诚而又持之以恒的话，必将极大地激发蕴藏在你体内的巨大潜能，这将使你冲破一切困难和险阻，达到期望的目标。"

对于中小学生来说，立志是头等大事。志向是人生的方向，一旦有了志向就要将其作为自己倾力追求的目标，所做的一切都应以它为指导。人生之所以迷茫，归根结底是没有明确的志向。没有志向，只会变得慵懒，只能听天由命，茫然叹息。想不让机会轻易溜走，不叫年华悄然逝去，只有靠志向冲出迷茫的漩涡，翻开人生的崭新一页。

家长应引导孩子在小时候树立起明确的志向。有了志向，就有了精神支柱，就有了行动的强大内驱力，就会一步步向前发展。

培养"舍我其谁"的英雄气

成就非凡者大都具有一种强悍的英雄之气，他们相信："没有雄心的人不能成为英雄。"

"英雄之气"也就是一种霸气。其实，霸气并不是一个贬义词，它可以理解为雄心、志向等，就是一种令人胆寒畏惧崇拜，不敢与之争风，本身又高度自信的气概。

霸气并非霸道蛮横，不讲道理；它是胆识与才智的结合，是敢拼敢闯的精神，是成就事业的王者风范。任何人都可以有霸气，也需要有霸气。拿破仑在军事院校就读时就立誓要做一名卓越的统帅并吞并整个欧洲，为此他严格要求自己，最终开创了他的霸业；成吉思汗扬言大地是他的牧场，有雄鹰的地方就有他的铁骑，这造就了成吉思汗时代。翻开历史史册，诸多成功者大都具有非凡的霸气。

2008年北京奥运会中上，美国的迈克尔·菲尔普斯就是一个最具霸气的人，无论何时，在他身上都能看到一种永远胜利的王者姿态。菲尔普斯说："从小到大，我都想成为冠军。"正因为有着这种执著和自信的冠军梦，使菲尔普斯身上永远散发出一种"舍我其谁"的英雄气。早在出征2008年北京奥运会前，菲尔普斯就吐出了掷地有声的一句话：我一定要拿奥运八金！果然，菲尔普斯兑现了自己的诺言，在本届奥运会总共参加的5个单项和3个接力项目的角逐中，共获得8金，7破世界纪录，这不仅成就了奥运历史上前无古人的传奇，也同时为北京奥运会写下了浓墨重彩的一笔。

当霸气与目标连在一起时，霸气就迅速在人的心底充溢起来，成为一种永不停息的巨大力量。正是这种渴望前进的强大推动力，唤醒了人的意识，唤醒了人心中的力量。这种被唤醒的力量巨大无比，它能创造全新的生活。

无论活得充实还是平淡，无论变得杰出还是平庸，这一切都取决于心中是否有霸气。"人活一世，不可与草木同腐"要想活得充实，活得有意义，就要努力培养霸气。李嘉诚在汕头大学毕业典礼上说："要活出有意义的非凡生命，需要有能超乎'匹夫'的英雄特质"。有了这种霸气才能在激烈的竞争中大显身手。我们应该相信自己的潜在优势，增强自信心，解除懦弱感。一个锐意进取的人，必须具备无坚不摧的霸气。不论处在什么样的环境中，只有树雄心、立壮志，才能干出一番事业。

邓亚萍闻名于乒乓球界。虽说她个子不高，貌不惊人。但一打起球来，两眼圆睁，咄咄逼人，像要冒出火来，未动手就先在气势上压倒了对方，再加上精湛的技术，顽强的斗志，一时间，打遍天下无敌手。以至于国外许多女乒乓球运动员纷纷哀叹：与邓亚萍生活在同一时代是悲哀的。

可见不管在球场上还是在人生的竞技场上，做人一定要有一点霸气，不要在心理上输给对方。在参加各种竞技比赛的时候，在你有实力而缺少良好心态时，你是否能够"霸道十足"地对自己说"我是最棒的"呢？在一条陌生而又艰难的道路上行走时，你可能会感到不安、恐惧。但是胸怀霸气的人会利用它来督促自己，激励自己。他们会在心里告诉自己："困难并不可怕，与它较量是种乐趣。""再努力一把，我将彻底摆脱恐惧，获得永久的胜利！"

是的，霸气能让人从容地展现自己。那种从眼神中显现出来的坚定意志力；那种从逆境中表现出来的愈挫愈奋的可贵品质，值得我们终生去学习。对于中小学生来说，拥有了霸气才能够充满激情地学习和生活；拥有一种奔涌不息的霸气，能时刻为你点燃希望的烛火，时刻让你与众不同。

确立远大理想并为之奋斗

中小学生的成就主要靠后天培养。而要培养一个优秀的孩子，最重要的是激发他拥有远大的理想。一个人之所以伟大，是因为他有高远的梦想。高远的梦想可以产生强大的动力，进而导致伟大的行动，成就成功的事业。

有这样一句格言：如果你把箭对准月亮，那么你可以射中老鹰；但如果你把箭对准老鹰，你就只能射中兔子。一个拥有远大梦想的人，即使实际做起来没有达到最终目标，但他所达到的目标会比只有小梦想的要远得多。你的梦想有多高天空才有多高，天空有多宽广世界就有多大。所以，梦想不妨大一点，梦想可以激发出一个人的所有激情和全部潜能，载他抵达成功的彼岸。

在决定一个人成就的因素中，智力、学历、家庭环境都在其次，最重要的是一个人梦想能力的大小。只有拥有一个高远的梦想，才有可能取得大的成就。

孩子会成为什么样的人，会有什么样的成就，关键就在于先做什么样的梦。梦想虽然以空中楼阁为起点，却是以不断追求、不断超越为过程，以化不可能为可能为结果。如果要想有所成就，就多花一些时间去思考自己的梦想是什么。之后不要仅把"梦"停留在"想"上，一定要付诸行动，要将其转化为自己前进的动力，激励自己为实现它而进行不懈的奋斗，这样才可能成为自己想成为的人。

一个名叫布鲁斯·李的小男孩，于1940年出生在美国三藩市。他在13岁时，到中国跟随名师叶问系统地学习了咏春拳。

在他18岁那年，布鲁斯·李被父母送到美国西雅图留学。进入大学后，他除了学习外，把精力都放在了研习武术上。经过潜修苦练，他的功夫逐渐精深。布鲁斯·李除了精通各种拳术外，还擅长长棍、短棍和双节棍等各种器械，并研习气功和硬功。

一天，他与一位朋友谈到梦想时，随手在一张便笺上写下了自己的人生志向——"我，布鲁斯·李，将会成为全美国薪酬最高的超级巨星。十年后，我将会赢得世界性声誉，二十年后，我将会拥有1000万美元的财富，那时候，我与家人将会过上愉快、和谐、幸福的生活。"

当时的布鲁斯·李生活穷困潦倒，然而，他却把这些话深深铭刻在心底。为实现梦想，他克服了无数常人难以想象的困难。十年后，命运女神终于向他露出了微笑。他主演的电影《唐山大兄》、《精武门》、《猛龙过江》均刷新香港票房纪录。之后，他主演了《龙争虎斗》，这部电影使他一跃成为"功夫之王"。

他就是李小龙——一个迄今为止在世界上享誉最高的华人明星。他主演的功夫片风行海外，中国功夫也随之闻名于世界。

是的，每个人都有自己的梦想，也都为自己那伟大的梦想激动过、苦闷过。只有勤勤恳恳地做好每一件事，才能更快地接近梦想。只有那些怀抱梦想、奋斗不息的人，才能赢得梦想的青睐。

其实，每一分的收获都不会凭空而降，每一次的胜利也不是靠运气就可以获得，化梦想为现实的道路，是一个人勤勤恳恳去做的过程。父母要引导孩子将远大理想和奋斗精神结合起来，要运用古今中外名人成功的事例告诉他们：冠军的奖杯里盛满的是苦练的汗水，科学家的发明证书上凝结的是奋斗者的心血，非凡的成就要付出超人的劳动。

以积极有效的行动为梦想保驾护航，这样，最初的理想就体现出了重大的价值和意义，我们也会因此而不断提升自己，不断高飞。

第二章

释放潜能，做最好的自己

　　每个中小学生身上都蕴藏着无限的潜能，关键在于是否善于挖掘。只要我们能正确地认识它，勇敢地激活它，充分地发挥它，有一分挖掘就有一分收获，日积月累，奇迹就可以创造出来。不是第一就要发挥潜力成为第一，而即使你是第一，也永远可以做得更好。

力争第一，以高标准来要求自己

　　优秀学生有超出众人之外的敢于"力争第一"的心态。在取得成绩之前，他们懂得必须以高标准来要求自己，否则自己永远都只能停留在原地。在他们身上所体现出来的这种力争第一的精神，是一个人不断进取的标志，它召唤人向更高层次的方向去努力，从而不断取得新成绩。

　　力争第一，这不仅仅是一句口号，更是让人脱颖而出的诀窍。力争第一是成长道路上永不停息的自我推动力，它激励人们为了更好的成绩而奋斗。因为奋进，任何一条路都有可能；因为奋进，人的潜能会被无限的激发，你会惊喜地发现自己是如此优秀。

　　20世纪30年代，在英国的一个小城里，女孩玛格丽特的父亲经常向她灌输这样的观点：无论做什么事情都要力争一流，永远走在别人前面，而不能落后于人，"即使在坐公共汽车时，你也要永远坐在前排"。

　　正是因为从小受到父亲"坐前排"的教育，才培养了玛格丽特积极向上的决心和信心。无论是学习、生活或工作，她总是抱着一往无前的精神和必胜的信念，克服一切困难，做好每一件事。

玛格丽特上大学时，考试科目中的拉丁文课程要求五年学完，可她凭着要强的心态，在一年内全部完成。其实，玛格丽特不光是学业优秀，在体育、音乐、演讲及其他方面也都是名列前茅。当年她所在学校的校长评价她说："玛格丽特无疑是我们建校以来最优秀的学生之一，她总是雄心勃勃，每件事情都做得很出色。"

正因为如此，四十多年以后，玛格丽特当选为英国第一位女首相，雄踞政坛长达11年之久，被世界媒体誉为"铁娘子"。

"力争第一"是一种积极向上的进取心态，它为人们创造了一种前进的动力。力争第一，更是一种追求、一种信念、一种无畏，它能激发人们一往无前的勇气和争创一流的精神，从而获得大的收获。

在当今竞争日趋激烈的社会，或许并非每个孩子都能成为第一，但是每个人都可以拥有第一的志向。著名的哈佛大学之所以一直保持着世界一流的教学水平，其中很重要的一点便是其对学生的要求非常高，有时几乎到了苛刻的程度。哈佛的入学资格审查，要求非常严格，要求学生在高中时的各科学习成绩优异，更着重考查学生的基本素质，如品德、意志、进取心、办事能力、特殊才能等。当然，学生是否有发展前途，也是哈佛考察考生的一个重要方面。经过这样严格的选拔，最后能被批准而取得入学资格的考生，可谓凤毛麟角。但每年申请入哈佛就读的学生高达1.5万多名，可以说，他们都有力争第一的志向。"力争第一"如同成长道路上的一盏明灯，让人永远向着光明的前方奋进。

比尔·盖茨的座右铭是："我应为王"。盖茨在小的时候，就有一种"力争第一"的强烈愿望。他的同学曾回忆说："任何事情，不管是演奏乐器还是写文章，除非不做，否则盖茨都会倾其全力花上所有的时间来完成。"

盖茨上四年级时，老师要学生写一篇四五页长的关于人体特殊作用的文章，结果，盖茨一口气写了20多页。又有一次，老师叫全班同学写一篇不超过20页的短故事，而盖茨却写了60多页。

他的同学回忆说："比尔不管做什么事情都要弄它个登峰造极，不到极致决不罢休。"

在盖茨上大学时，他的数学成绩很突出。按他的天分，向数学方面发展，无疑可以成为一名优秀的数学家。但他发现还有几个同学在数学方面比他更胜一筹，于是，他放弃了专攻数学的打算。因为他有一个信条：在一切事情上，不屈居第二。

盖茨之所以能成为软件霸主，聪明并不是第一位的，他"力争第一"的志气才是关键因素。

盖茨有超出众人之外的、敢于力争第一的心态。懂得力争第一的人，决不会满足于目前的成就，也不会因为他人的夸奖而沾沾自喜。他们总是不停地向前迈进，改进每个下一次。有了尽最大的努力把事情做好的志向，不断对自己提出严格的高标准，就会赢得别人的尊敬，做出令人吃惊的成绩。

在学习过程中，如果你甘于现状，便会被别人所赶超。不前进便意味着后退，就可能被无情地淘汰。在很多时候，前进的主要障碍，不是能力的大小，而是我们的心态。要敢于力争第一，这样才能够充分发挥自身的潜力，不断超越自我。不是第一就要努力成为第一，而即使你是第一，也永远可以做得更好。

培养竞争意识，不断自我超越

在今天这个竞争日趋激烈的社会里，到处都有自己的竞争对手。对手总会给你带来压力，逼迫你去努力地投入到"斗争"中去。个人能力的不断成长，应该感谢对手时时施加的压力。正是把这些压力化为战胜困难的动力，才能在残酷的竞争中，始终保持着一种危机感。

西点军校的竞争意识很强，学员们有着"野心家"一样的上进心。在校园里，学生的学习压力是非常大的，竞争的激烈是近乎残酷的，简直是向自身极限的挑战。西点平均每年有大约20%的学生会因为考试不及格或者修不满学分而休学或退学，而且对淘汰的20%的学生的考评并不是学期末才完成，每堂课都要记录成绩，平均占到总成绩的50%，这就要求学生要时刻努力、不能放松。

严酷的竞争不仅仅表现在课堂的学习中，还表现在社会生活的各个方面。有些毕业生回忆说，尽管他们当时也觉得同学之间如此竞争未免太过分了些，但走上社会后才发现，各种竞争远比在学校时激烈得多。

一个强劲的对手，会让人时刻有种危机四伏感，从而强迫自己不断进取、完善。所以，不要害怕竞争，更不要企盼对手会自动减少抑或消失。要想取得成绩，就必须不断地寻找对手，不断变挑战对手的压力为取胜的动力，并为之做好精心的准备，付出百倍的努力。

树立竞争意识是每个中小学生必备的重要心理意识。在竞争活动中，个人为了取得好成绩而调动潜能，通过竞争能够锻炼人的综合素质，提高个人能力。

要使孩子能在未来的社会中占有一席之地，家长必须重视培养孩子的竞争意识。

英语是初中男孩张牧的强项，他曾多次在各种比赛中获奖。有一次，在扬州举行了一次省级英语演讲比赛。在这次演讲比赛中，人才济济，高手云集，这时张牧才真正感觉到了压力。这次的演讲比赛不仅比试英语口语，而且包括各个方面，比如言行举止等。张牧凭借着过硬的综合实力，一路过关斩将，直接闯入决赛。

决赛的时候，张牧遇到了一个实力很强的对手，这个男孩和张牧一样，也具有很强的实力，而且在语言的某些方面还超过了张牧，在预赛中他们的分数相差无几。决赛进入白热化阶段后，除了规定的演讲题目之外，他们还接受了评委们的现场提问。或许是因为对手很强的缘故，这激发出了张牧强烈的斗争欲，在这次比赛中，他从容自如，超常发挥，赢得了关键的零点几分，最终获得了此次比赛的冠军。

可以这样说，一个孩子能取得多大的成绩，很大程度上，取决于有什么样的对手。因为一个强劲的对手，会让孩子感受到压力及危机，它会激发出孩子更加旺盛的精力和斗志。正是把这些压力化为想方设法战胜困难的动力，才能进而在残酷的竞争中，始终保持着强劲的势头。

现在的孩子大都生活上什么也不缺，唯独缺乏与他人竞争的意识，或者意识到了也不想找一个竞争对手来激励自己。所以，这时我们就应该积极主动地为他找一个竞争对手。不管是在生活中，还是在学习上，都应该教育孩子时时为自己找一个优秀的对手，激励自己不断进步。

在生活和学习上给自己找个对手，也就是为自己找一个优秀的参照物，能不断激励自己，让自己吸取他人的优点，从而能够不断地迎接机遇与挑战。有时，对手是我们的镜子，他的成功可以给我们以借鉴，他的失败则会让我们汲取到一些经验和教训，并尽快地校正好自己的人生方向。对手有时就是我们的老师和朋友，我们应该感谢它。

学会珍惜你的对手，他将是你一生中最好的朋友。二十世纪的希腊船王奥纳西斯16岁时仍一贫如洗，到24岁时却已身价过亿。短短8年时间，他靠买卖烟草发家，在商场纵横驰骋，击垮一个又一个对手。他这样认为："要想有所成就，你需要朋友；要想取得大的成功，你需要对手！"

真正的对手会带给你勇气及智慧。为自己找到对手后，要学会善待对手，要把竞争对手当作自己的一面镜子，从尊重和欣赏的角度出发，学习对方的长处。在竞争中，让对手促使自己不断完善，弥补不足，这样才能挖掘自身的潜力，使自己成长得更快。

自我挑战，你比想象的更优秀

让自己进步的方法很多，"每天做点困难的事"就是"逼"自己进步的办法之一。这是一个永恒不灭的真理，是人生进步的基础，是使人上进的梯级。的确，人的平庸，多数不是因为自身能力不够，而是因为安于现状、不思进取，没有激发自己的潜能。有些时候，我们需要一种危机，来激发自身的潜能，唤醒内心深处被掩藏已久的人生激情，来实现人生的最大价值。

台湾著名音乐人方文山曾数十次登上两岸三地音乐大奖的奖台，成为华文词坛的代表性人物。他推出的几百首歌曲，大都灵光四射、直抵人心。

方文山出生于台北一个偏僻小镇的普通家庭。学生时代，因为成绩不好，他一直默默无闻。但他的作文很好，经常被老师当作范文。上完私立职高后，他慢慢开窍，意识到写作才是他的真正爱好。从此，他开始大量读书，勤勉笔耕，简直到了如痴如醉的地步。

那时他为了生活，做过机械维修工、送货司机、安装防盗系统的工人等，每天都辛苦异常地工作着。

对作词的痴爱也愈发欲罢不能，因为这给了他快乐和自信。工作时，他常带上本子和笔，想到一个好句子就赶紧记下来。工作之余，他试着改写当时最红的歌词，一个字一个字去推敲；为了写一首意境不熟悉的词，他会耐心地翻阅无数资料，甚至还跑去上编剧班，这让他后来写的词更具画面感，像在铺陈一部电影……就这样边工作边学习创作，半年里竟写出几十首歌。他精心挑选，以无所畏惧的精神投寄给台湾各大唱片公司。

后来，他的歌相继被制作人看中，他改变了自己的人生！

方文山后来这样写道：如果励志是一项商品，我想没有谁比我更有资格、更适合代言了！不要把青春消耗在电视机前观看别人的人生，抱怨自己的人生，不妨行动起来，好好创造自己的人生！

如果你是一个不爱学习的学生，整天无所事事，那么，你永远不会有卓越的成就。平庸的工作人人都能干，但那是出不了成就的。有志气的人绝对不会这样做。他们会选择起而奋斗，勇敢为实现自我价值而竞争。虽然这样要比别人辛苦很多，但成就也会比别人大，最终在很多人当中脱颖而出，大放异彩也便就是很自然的了。

其实，每个人的身上都蕴藏着一份特殊才能，那份特殊才能如同一位沉睡的巨人，等着我们去唤醒。只要我们能发挥出潜能，就能成为了不起的人。

人的潜力无穷，能否最大限度地利用这些潜能，关键在于是否善于挖掘。有一分挖掘就有一分收获，日积月累，奇迹就可以创造出来。

其实，人的一生，最大的敌人不是别人，而是我们自己。只有超越自我，才能赢得精彩人生。

每一个人都应该永远记住这样一个道理，只有不断超越自我的人，才是一个真正聪明人。人生在世，你只要按照自己的禀赋发展自己，不断超越心灵的碍阻，你就不会忽略自己生命中的太阳，而湮没在他人的光辉里。不要以为自己很聪明就不努力，你应该把聪明看作是自己你的一个新起点，而不是终点。一切都会成为过去，迎接你的将是一个个新的挑战。

世界著名的大提琴手巴布罗·卡沙斯，在取得举世公认的艺术家头衔后，并没为此而不再去练习，不再去努力，还是和以前一样，依然每天坚持练琴6小时，养成了"行动再行动"的良好习惯。有人问他为什么仍然还要练琴，他的回答很简单："我觉得我仍在进步。"

要相信自己是一个有用之才，能够凭借自己的能力打出一片成功的天地。不要再只是选择被动地等待，而是应该主动去了解自己要改进什么，然后全力以赴地去完成。假如当众演讲是你最发怵的事情，那你就每天"逼"自己对着镜子练习讲话；如果你是一个内向的人，怯于与人交往，那你就每天"逼"自己主动与人联系，或是打电话，或是发E-mail，或是相约见面；如果你讨厌学外语，那就不得不硬着头皮，每天"逼"自己练习听力、复习语法，再一口气做完一套模拟试题……

成长过程中，为了使自己不原地踏步甚至于退步，我们应该不断地超越。只有不断超越，才能领先他人，才能赢得更大的胜利。

第三章

永不泄气，能坚持的人必定能成功

达到目标的奥秘是坚持。无论做什么事，要想取得成绩，坚持是必不可少的。目标有时遥遥无期，如果轻易放弃，以前的努力都将白费，所花的心血都是徒劳；而只要再坚持一会儿，再多一些耐心，结果也许会大不相同。不懈的坚持能使我们逐渐地超越自己，赢得未来。

坚持是一种赢的姿态

坚持出成就，这是一个并不神秘的秘诀。诺贝尔奖获得者巴斯德曾豪迈地宣称："告诉你达到目标的奥秘吧，我唯一的力量就是我的坚持精神。"的确，无论我们做什么事，要想取得成绩，坚持不懈的精神是必不可少的。

法国启蒙思想家布封曾说过："天才就是长期的坚持不懈。"中小学生的天分确实因人而异，但我们常高估了它的作用。英国埃克塞特大学心理学教授迈克·侯威专门研究神童与天才，他得出的结论是："一般人以为天才是自然发生而不受阻的才华，其实，天才也必须耗费至少十年光阴来学习他们的特殊技能，绝无例外。要成为专家，需要拥有顽固的个性和坚持的能力……"做事情往往需要坚持不放弃。世间最容易也最难的事儿也是坚持。说它容易，是因为只要愿意做，人人都能做到；说它难，是因为真正能够做到的终究只是少数人。

开学第一天，古希腊大哲学家苏格拉底对学生们说："今天咱们只学一件最简单的事。每人把胳膊尽量往前甩，然后再尽量往后甩。"说着，苏格拉底示范了一遍："从今天开始，每天做三百下。大家能做到吗？"学生们都笑了。这么简单的事儿，有什么做不到的？过了一个月，苏格拉底问学生们："每天甩手三百下，哪些同学坚持了？"有百分之九十的同学骄傲地举起了手。又过了一个月，苏格拉底又问，这回，坚持下来的学生只剩下80%。一年过后，苏格拉底再一次问大家："请告诉我，最简单的甩手运动，还有哪几位同学坚持了？"这时，整个教室里，只有一个人举起了手。这个学生就是后来成为古希腊另一伟大哲学家的柏拉图。

丘吉尔告诉我们："成功的秘诀就是：坚持、坚持、再坚持！"世上所有的成就，都产生于再坚持一下的努力之中！成功就是一种坚持，可以这样说，坚持的时间越长，胜利的机率就越大。凡事坚持，不屈不挠，就有了赢的姿态。

有一年，33岁的拳王阿里与另一拳坛猛将弗雷泽进行第三次较量，之前的两次较量一胜一负。在第三次较量进行到第14回合时，阿里已精疲力竭，濒临崩溃的边缘，此时任何一点轻微的举动都可以让他轰然倒地，他几乎再也没有丝毫力气迎战第15回合了。然而他拼着性命坚持着，不肯放弃。他心里清楚，对方和自己一样，也是只有出的气了。比到这个地步，与其说在比气力，不如说在比毅力，就看谁能比对方多坚持一会儿了。他知道此时如果在精神上压倒对方，就有胜出的可能。于是他竭力保持着坚毅的表情和誓不低头的气势，双目如电，令弗雷泽不寒而栗，以为阿里仍存着体力。

这时，阿里的教练邓迪敏锐地发现弗雷泽已有放弃的意思，他将此信息传达给阿里，并鼓励阿里再坚持一下。阿里精神一振，更加顽强地坚持着。果然，弗雷泽表示"投降"，自愿认输。裁判当即高举起阿里的臂膀，宣布阿里获胜。这时，保住了拳王称号的阿里还未走到台中央便眼前漆黑，双腿无力地跪在了地上。弗雷泽见此情景，如遭雷击，他追悔莫及，并为此抱憾终生。

在最艰难，也是最关键的时刻，阿里坚持到胜利的钟声敲响的那一刻，成就了他辉煌中的又一个传奇。

胜利与失败之间的距离，并不是一道巨大的鸿沟，它们之间的差别只在于是否能够坚持下去。无论做什么，最后的时刻最关键，只要咬紧牙关，再多一点努力，再多一点坚持，就能胜利。

培养专业技能，需要苦苦坚持不放弃。以学钢琴为例，如果想要业有所成，至少需要专注地投入一万个小时的训练；像棋类、各种运动和外语，想要成为专业人士，用的时间也差不多。从这一点来看，孩子学习上的种种小挫败，并非没有天分，而是没有"坚持"。很多孩子在刚开始的时候还蛮有兴趣，遇到了一点困难之后，就告诉自己说"我没天分，算了吧。"从而将希望扼杀在了萌芽中。

人生不是短程赛跑，没有人能一夕成功。目标有时遥遥无期，总也望不到头。你也许正在艰难中坚持却疲倦不堪，如果这时放弃，以前的所有努力都将白费；而只要再坚持一会儿，再加一把劲儿，就可能会发生巨大转机。当你拨开阴云重见光明的一刹那，你会觉得曾经的苦累都是值得的。

不停止尝试的人，永远不会失败

不要害怕失败，失败并不是什么坏事。哈伯德说："只要你不放弃尝试，不断地尽自己最大的力量，你便是在创造成功。"假使你没有获得你想要的成果，你就将其视为一个不理想的结果，而不是失败，然后从中学习，改进你的行为再试一次。

很多孩子常告诉自己："我已经尝试过了，不幸的是我又失败了。"其实他们并没有搞清楚失败的真正含义。人在一生中都难免会遭受挫折和不幸，失败者总是把挫折当成失败，从而使每次挫折都深深打击自己；成功者则是从不言败，在一次又一次挫折面前，总是对自己说："我不是失败了，而是还没有成功。"一个暂时失利的人，如果继续努力，打算赢回来，那么他今天的失利，就不是真正失败。相反的，如果他失去了再次尝试的勇气，那就是真的输了！

1892年夏季，一位演说者到美国瓦伦斯堡的集会上演讲，演说者以卓越的口才、扣人心弦的故事深深地影响了一个瘦弱的、穿着破烂衣服的男孩。从那一刻起，他发誓要当一名演说家。

然而，贫困的家境、笨拙的举止、和少了一根食指的左手却总是让他在相当长一段时间内都感觉非常自卑。一天，已经是一名师范院校学生的他穿着一件破夹克上台演讲，刚一上台就被人轰下了台，之后大家笑成了一团。还有一次，他讲着讲着竟忘了词，在人们的口哨声中，他汗流满面地站在那里，尴尬至极。

连续十二次演讲的失败让他心灰意冷，他觉得自己根本不行。又一次的比赛结束后，他拖着疲惫的身子往家走，路过一座桥时，他停了下来，久久地望着下面的河水。

"孩子，为什么不再试一次呢？"

不知何时，父亲已经站在他身后，正微笑着看着他，眼里充满着信任与鼓励。父子俩紧紧地拥抱在一起。

接下来的两年里，他几乎每天都在河畔踱步，一边背诵着林肯及戴维斯的名言。他是那么全神贯注，以至到了忘我的地步。

1906年，这个年轻人以《童年的记忆》为题发表演说，获得了青年演说家奖，那一天，他第一次尝到了成功的喜悦。

三十年后，他成为美国历史上最著名的心理学家和人际关系学家。他就是被誉为"20世纪最伟大的人生导师和成人教育大师"的戴尔·卡耐基。今天，几乎所有的美国人都喜欢用这句"为什么不再试一次呢？"去鼓励自己的孩子们。

戴尔·卡耐基用自己的行动印证了一句话："世上没有所谓的失败，除非你不再尝试。"他富有传奇色彩的一生让我们在感慨的同时，也深深地思考，许多时候，面对挫折与失败，或许我们也该对自己说：为什么不再试一次呢？

假如你跌倒了无数次之后，应该带着无比的勇气爬起来继续前行。席维斯·史泰龙就是靠坚持走向成功的。史泰龙在未成名时，身上只有100美元和一部根据自己悲惨童年生活写成的剧本《洛奇》。于是他挨家挨户地拜访了好莱坞的500家电影制片公司，寻求演出的机会。但没有任何一家公司愿意录用他。史泰龙毫不灰心，他又从第一家开始自我推荐。第二轮拜访，仍然没有一家公司肯录用他。史泰龙没有放弃希望，他把1000次的拒绝，当作是绝佳的经验。接着他又鼓励自己从1001次开始。后来又经过多次上门求职，总共经历了1855次严酷的拒绝，终于有一家电影制片公司同意采用他的剧本，并聘请他担任自己剧本中的男主角。

电影《洛奇》一炮打响，史泰龙成了超级巨星，美国新一代的英雄偶像。

并非有信心去做每一件事都会成功。凡事总有失败，但是你要坚持住，不要被挫折击垮，也不要被失败吓倒，更不要蹉跎在过去的岁月当中。事实上，没有什么失败，失败仅仅存在于失败的人心中，只有屡败屡战的人才是真的英雄，才能真正体享受成功的喜悦。

任何失败中都蕴藏着极其丰富的经验教训，都是不可多得的人生教材。从失败的教训中学到东西，往往比从成功中学到的还要深刻。失败是什么？没有什么，只是更走近成功一步；成功是什么？就是走过了所有通向失败的路，只剩下一条路，那就是成功的路。

今天输了，只是暂时还没赢

西方有句格言："永远没有失败，只是暂时停止成功。"人生的输赢，不是一时的荣辱所能决定的，今天赢了，不等于永远赢了，今天输了，只是暂时还没赢。

人之成败，并不在于是否一时一事取得了成功或遭到了失败，而在于如何对待自己的成功和失败。成功之道是不管是否成功，都应该表现出胜利者的姿态。要想最终成为一个胜利者，就必须能够以胜利者的姿态对待失败。

黑人影后哈莉·贝瑞是好莱坞最当红的女明星之一。2001年，她因《红颜血泪》获得了奥斯卡"最佳女主角"奖。

但是，2005年2月26日，她从人生的巅峰抛进了谷底。在第25届"最差"奖颁奖仪式上，她被评为"最差女主角"。她走上了领奖台，用曾经接受过奥斯卡最佳女主角奖杯的那双手，接过了金酸莓"最差女主角"的奖杯。

哈莉·贝瑞发表获奖感言时说："我这辈子从来没有想过会来到这里，赢得'最差'奖，这不是我曾经立志要实现的理想。但我仍然要感谢你们，我会把你们给我的批评当作一笔最珍贵的财富。我不会停下来，我今后会带给大家更精彩的表演。"听到这些话，人们给了她一阵又一阵热烈的掌声。

哈莉·贝瑞在人生的巅峰时没有忘乎所以，认为自己是绝对的成功；在人生的谷底时也没有一蹶不振，认为自己是绝对的失败。她难能可贵地认为，在人生旅途的地平线上，成功与失败同样都是崭新的开始。

当有人请她留言签名的时候，她写下了妈妈经常用以教诲她的一句话："如果不能做一个好的失败者，也就不能做一个好的成功者。"

人人都会有失败。所不同的是，有人在失败面前，从心理上不会屈服。他失败时所表现出来的风格，会使人觉得他只是经历了一次暂时而无关紧要的挫折，最后的结果必然是胜利。一个人越不把失败当作一回事，失败就越不能把他怎么样，他就越能成功。

人生的输赢，不取决于一时。在遭遇暂时的失败时，必须加以承受，必须顽强地面对。如果成功之门暂时关闭了，应把它视为一种新的力量的源泉，而非一种失败。这样，它会把你内心最优秀的品质激发出来，促使自己不断向前。胜利的人不是从未曾被击倒过的人，而是在被击倒后、还能够坚持向前不断迈进的人。

有一个出生在普通农村的年轻人，曾遭遇了各种困境，但是他却凭着一股不服输的精神，完成了一个从"烂仔"到"影帝"的成功蜕变。

二十几岁时，他加入某娱乐公司后发行了首张专辑。但这却让他遭到了一片抨击：嗓音条件太差，声线平平，唱腔如白开水……那段日子，嘲笑和指责时时包围着他，表面上他不以为然，内心却充满了痛苦，真想甩手不干了。但想到这职位来之不易，他发誓一定要干出名堂来。

随后他推出了第二张专辑，却反响平平。

面对这种难堪的局面，他没有退缩，而是认真查找自己声线上的缺点，用心琢磨歌坛前辈们的演唱技巧；他数年如一日地勤奋练唱，增长技能。他从来不给自己放假。当别人在沙滩上晒太阳，在家中观看电视节目时，他总是在进行着各种训练。训练的过程是极其艰辛的，但他坚持了下来！经过努力及钻研，他从自己并无特色的嗓音中找出了"特色"，最终形成了以情带声、温柔而不失男性感染力的演唱特色。

1990年，他凭《可不可以》勇夺"最受欢迎歌曲奖"和"港、台两地最受欢迎男歌手奖"。从而一举奠定了自己在歌坛的地位。他就是现在的演艺界巨星刘德华。

刘德华从骨子里就不服输，遭遇挫败时，他总是能够调整好心态积极应对。结果是，他用一种不屈不挠的精神战胜了自己，赢得了无数的荣誉。在接受采访时，他深有感触地说："只要你不认输，凡事皆有可能，我之所以能有今天，是我不服输的结果。"

面对失败时，不要轻易认输，而应该昂首挺胸，奋力向前。没有一个人命中注定是要失败的，只要你积极发现自己的长处，并善加利用，然后用自信和行动努力去排除一切妨碍成功的因素，就一定会赢得成功。

不要把挫折当成失败，而要永不言败，在一次又一次挫折面前，要对自己说："你不是失败了，而是还没有成功。"当别人放弃的时候，你再多坚持一会；当别人走累了，你再多走几步路。失败后就总结经验，然后继续前进；再失败就再总结，再前进。你将通过持之以恒的坚持逐渐地超越自己，拥有美好的人生。

有耐心的人，无往而不胜

每个学生都希望自己学业能有所成。但是，成就并不是一蹴而就的，它需要非凡的耐心。

耐心需要对一个理想或目标全然地投入，而且要不屈不挠，坚持到底。对所有的人来说，耐心是一剂特效药，也是人最可靠的依托。

耐心不是空耗，而是另一种意义上的坚强。在两军的对阵中，勇者会胜利，但在两军的相持中，具有耐心的一方会获胜。能否多坚持一分钟，是人才和平庸之徒的分水岭。

一个严寒的冬天，一座城市被包围了，情况危急。守将决定派一名士兵去河对岸的另一座城市求援。这名士兵马不停蹄地赶到河边的渡口，但却看不到一只船，因为船夫全都逃难去了。士兵心急如焚。他的头发都快愁白了，假如过不了河，不仅自己会成为俘虏，就连城市也会落在敌人手里。

夕阳西下，夜幕降临。黑暗和寒冷，更加剧了士兵的恐惧与绝望。更糟的是，突然刮起了北风，到了半夜，又下起了鹅毛大雪。士兵瑟缩成一团，紧紧抱着战马，借战马的体温取暖。他甚至连抱怨命运的力气都没有了，只有一个声音在他心里重复着：活下来！他暗暗祈求：老天啊，求你再让我活一分钟，求你让我再活一分钟！当天亮起来的时候，他已经奄奄一息了。

士兵牵着马儿走到河边，惊奇地发现，那条阻挡他前进的大河上面，已经结了一层冰。他试着在河面上走了几步，发现冰冻得非常结实，他完全可以从上面走过去。士兵欣喜若狂，就牵着马儿从上面轻松地走过了河面。城市就这样得救了，得救于士兵的忍耐和等待。

一个有所建树的人，往往与他的耐心密切相关。很多情况下，耐心是成大事不可或缺的修养。对心理素质强的人来说，任何委屈都不足以让他心灰意冷，相反更加能鼓舞士气，激发起一定要做成事的欲望。有耐心的人，能够达到他想要的目标。

有时近在咫尺的目标，却需要长时间的等待才能实现。成绩的取得是建立在枯燥和孤独的基础上的，要有面对枯燥从头到尾坚持不懈的耐力。坚持是一个过程，往往还是一个漫长的过程。只有保持保持足够的耐心，才有可能走完这个过程。

　　一位名叫希瓦勒的乡村邮递员，每天徒步奔走在各个村庄之间。有一天，他发现绊倒他的一块石头样子十分奇特，于是，他突然产生一个强烈的念头，如果用这些石头来建造一座城堡，那将是一项伟大的工程！于是，他开始推着独轮车送信，只要发现中意的石头，就会将它们装上独轮车。

　　此后，他再也没有过上一天安闲的日子。白天他是一个邮差和一个运输石头的苦力，晚上他就变成了一位建筑师。他按照自己的想象来构造自己的城堡。所有人都感到不可思议，认为他的大脑出了问题，而他却几十年如一日坚持不懈地进行着这项浩大的工程。

　　二十多年之后，在他偏僻的住处，出现了许多错落有致的城堡，有清真寺式的、有印度神教式的、有基督教式的……1905年，法国一家报社的记者偶然发现了这群城堡，这里的风景和城堡的建造格局令他慨叹不已，为此，这位记者写了一篇专栏用以介绍希瓦勒和他的城堡。文章刊出后，希瓦勒迅速成为新闻人物，许多人都慕名前来参观，连当时很有声望的大师级人物毕加索也专程赶来参观他的建筑。

　　现在，这个城堡已成为法国最著名的风景旅游点，它的名字就叫做"邮递员希瓦勒之理想宫"。在城堡的石块上，希瓦勒当年刻下的一些话还清晰可见，有一句就刻在入口处的一块石头上："我想知道一块有了愿望的石头能走多远。"据说，这就是那块当年曾绊倒过希瓦勒的第一块石头。

　　一块石头被烙下个愿望不难，然而使这块有了愿望的石头能够梦想成真，却并非一朝一夕的简单之事。目标的到达需要这样一股几十年如一日的精神，就像这位邮递员，每天捡一些石头，每天堆一些石头，总有一天能堆砌成理想的宫殿。

　　学习过程中，每个学生都可能会遇到看似艰巨的任务，此时应该如何做？无论遇到任何困难都不要轻言放弃，持之以恒地多付出一些努力，每天向自己的目标靠近一点再靠近一点，搭建你终极目标中的小小一隅，总有一天，你也可以走进自己梦想的殿堂，成就当初的理想和未来的人生。

第四章

拼搏进取，时刻不忘提升自己

进取精神是永不停息的前进动力，是成长与发展的基本条件。我们正是在进取中不断地超越自我、创造成绩的。任何人都不能只满足于现有成绩，而应追求更高的标准，让自己每天进步一点点。这样，将来的成就才能是永无止境。

只要去做，凡事皆有可能

立即去做，而不是寻找任何的借口拖延，这样的人才能最终赢得胜利的垂青。世上没有任何事情比立即行动更为重要，更有效果。因为人的一生，可以有所作为的时机只有一次，那就是现在。任何一个愿望和梦想都有实现的可能，只要你肯于行动。要将机遇转化为成就，需要的是去做、去做、再去做。

贝尔在试制电话机时，感到有关问题还没有把握，便去向著名物理学家约瑟·亨利请教。贝尔谈了自己的设想，然后恳切地问："先生有何见教？""干吧！"亨利回答说。贝尔不安地说："可是，先生，我对电的知识知道得很少呀。""学吧！"亨利又简短的回答。电话机试制成功后，贝尔激动地说："如果不是亨利先生的这两个词的鼓励，我是不可能发明电话机的啊！"

美国石油大王洛克菲勒曾说："不要等待奇迹发生才开始实践你的梦想。今天就开始行动！"如果你有了强烈的愿望，就要积极地迈出实现它的第一步，千万不要等待或拖延，也不必等待具备所有的条件。记住：你可以创造一些条件！

在1921年，《纽约时报》有一篇文章谈到了电报对信息传播的重大作用。有十几个人，就从这报道中得到了启发。他们想，如果创办一份文摘刊物，让读者从大量的信息中获得自己需要的信息，肯定会受到欢迎。但当他们申请邮局发行时，得到的答复是因为还从没有过这类刊物，目前条件还不成熟，还要等一等。绝大多数申办者就只好等等再说。

这十几人中有一位叫华莱士的男孩却毫不犹豫，他想：你邮局不发行，我可以自办发行呀，他没有等待，而是将订单装入2000个信封中，从邮局发往各地。

就这样，华莱士创办了世界上很少有的文摘刊物，它一下子拥有了不少的读者，而且市场越来越广阔，这就是有名的《读者文摘》。到了2002年，这本刊物已成为了世界性的刊物。它用19种文字出版，发行到127个国家，年收入达5亿多美元。

人人都能下决心做大事，但只有少数人能够立即去行动。有不少这样的人，他们并非不知道行动的重要，但是迟迟不愿意行动，他们总在等待。在等待中，错失了许多的机会，在等待中，白白浪费了宝贵的光阴。行动是治愈恐惧的良药，而犹豫、拖延将不断滋养恐惧。有所成就的人都把少说话、多做事奉为行动的准则，通过脚踏实地的行动，达到自己的目标。

我们还在等待什么？让今天的事今天就做完，现在要做的事马上就动手。比尔·盖茨告诉我们："想做的事情，立刻去做！当'立刻去做'从潜意识中浮现时，就要立即付诸行动。"

台湾的一个大学生，平生最爱读魔幻小说，在读完英文版《指环王》后，发现其中文译本错误百出，简直让人无法读下去，于是他勇敢写信给出版社，要求推倒重译，并自荐担此重任。他保证说，"如果重译本销售量达不到1万册，我分文不取。"令人意想不到的是，出版社竟真的与这个冒失的读者签订了翻译合同。结果就像所有童话故事里的情节一样，重译本一纸风行天下，此人一夜之间赚进几百万元的资产。

一切都在他开始行动的那一刻起改变了。憎恶最初译本的一定不止他一个，而其中曾经灵光乍现产生过自己重新翻译念头的也应该不止他一个，不同的是，他想到了，并且去做了。

成大事者皆有志，成大事者更具有坚定不渝的行动。无论你的梦想和目标是什么，都要立即开始行动。为此要努力克服拖延的习惯。事情越是困难，越要立刻去做。要想有所作为，就要克服畏难情绪，毫不犹豫，起而行动，扎扎实实做好每一件事，只有这样，心中的慌乱才会得以平定，才能拼出成功的魔方。

勤奋的人总有好运眷顾

智慧源于勤奋。勤奋是成就的源泉。勤奋，首先是一种积极向上的人生态度；其次，它也是每一个中小学生成才的必经之路。成功者的秘诀是因为习惯于勤奋，所以他就会成功；如果一个人习惯于懒惰，他就会一事无成。

除了天分，日本著名作曲家小泽征尔拥有更多的是勤奋。日本作曲家武满彻曾经在小泽的寓所住过一段时间，目睹了大师的勤奋，他说："每天清晨四点钟，小泽屋里就亮起了灯，他开始读总谱。真没想到，他是如此用功。"原来，小泽征尔从青年时代就养成了晨读的习惯，一直坚持到今天。"我是世界上起床最早的人之一，当太阳升起的时候，我常常已经读了至少两个小时的总谱或书。"小泽征尔这样说。

要想成就一番事业，就必须要具备勤奋的态度，只有勤奋地工作、学习，才能实现美好的愿望。其实，任何成就都不会凭空从天而降，化梦想为现实的道路，是一个人勤勤恳恳向前走的过程。如果我们有伟大的才干，勤勉将会增进它；如果我们只有平凡的才能，勤勉也可以补足它。勤奋是人成长的最坚实基础，也是成就事业的保证。真正的成功没有捷径，它是一个过程，是将勤奋和努力融入每天的生活中，融入每天的工作中。

短短二十年，赖斯就从一个备受歧视的黑人女孩成长为美国的前国务卿，其奋斗史颇具传奇色彩。有人问赖斯成功的秘诀，她回答说："因为我比他人更勤奋！"

从小父母就这样教导赖斯："要想取得非凡的成就，就得更加勤奋努力。"10岁那年，父亲带她去华盛顿游览，由于赖斯是黑人，被挡在了白宫外面。小赖斯倍感羞辱，她无比激昂地告诉父亲：总有一天，我会成为那房子的主人！当时，听到女儿这番话，父亲并没有妄加指责，相反，他积极地引导女儿说："即使你现在穷得连一个汉堡也买不起，你也有可能当上美国总统，只要你勤奋！如果你能拿出双倍的劲头往前冲，或许能赶上白人的一半；如果你愿意付出几倍的辛劳，就一定能赶在白人前头。"

听了父亲的这番话，赖斯深受鼓舞，为了能"赶在白人前头"，她数十年如一日地勤奋学习，增长本领。她从来不给自己放假。当别人在海滩上晒太阳，当别人在观看电视节目时，她总是在进行着各种训练。训练的过程是极其艰辛的，但她坚持了下来！

1981年，27岁时，普通美国白人可能研究生还没有读完的年纪，而她已经是斯坦福大学最年轻的教授。她除母语外，还精通俄语、法语、西班牙语。此外，她还精心学习了网球、花样滑冰、芭蕾舞、礼仪，白人能做到的他要做到，白人做不到的她也要做到。几年后，凭借非凡的能力及表现，她被任命为美国国家安全事务助理。

天道酬勤，她终于脱颖而出，一飞冲天。2004年，她被布什总统提名，从而成为美国历史上第一位黑人女国务卿。

赖斯成功的秘诀是因为她习惯于勤奋。有耕耘就有收获，今天的成就是因为昨天的积累，明天的成功则有赖于今天的努力。你必须勤奋不掇，然后才能心想事成。

成就只会眷顾那些勤奋的人。懒惰者不可能成就事业，因为懒惰的人缺乏吃苦实干的精神，总是贪图安逸，期待着天上掉馅饼。懒惰会消磨人的斗志，毁灭人的肌体。比尔·盖茨说："懒惰、好逸恶劳乃是万恶之源，懒惰可以轻松地毁掉一个人。"由于懒惰者不肯付出，因此不可能在社会中立足，更不可能成为生活的强者。如果一个人习惯于懒惰，他就会一事无成，日渐平庸。所以，梦想自然不能少，但务实的精神更不可丢。自身的缺点并不可怕，可怕的是缺少勤奋的精神。有了勤奋，再艰巨的任务都可以完成，再高大的山峰也会被"移走"。

优秀者永远比他人更勤奋，当他人睡梦正酣时，优秀者却已投入了工作和学习；当他人轻易放弃时，优秀者却仍在继续着；当他人尽情享受休闲的乐趣时，优秀者却在刻苦地训练。一个永远值得家长及男孩铭记的哲理是：优秀者永远比我们更勤奋！

不管做什么事，都要竭尽全力

在生活中，我们经常听到这样的话："我觉得自己已经尽了最大的努力，可惜结果却很令人失望。"说这话的人，是否真的尽了最大的努力呢？未必！他们把做得感觉到很累视为尽了全力，其实还远远没能充分发挥潜力；或者干干停停，并未时时尽力。因此，对一个追求优秀的人来说，需要的是竭尽全力。一生中会有许多的机会和困难，面对此情此况，是应该竭尽全力还是尽力而为呢？

只有竭尽全力去做每件事情，才能有一个好结果和好成绩。竭尽全力是一种精神，一种积极主动、永远奋力向前的精神；是一种态度，一种不计报、不畏艰难、不找任何借口、倾其全力去完成任务的态度；是任何一个孩子必备的素质。

生活中，经常会出现种种山穷水尽的情况，无论是尽力而为还是竭尽全力地去解决，都可以出现成功与不成功两种结果，但体现出的是对人生、对自身潜能截然不同的态度：尽力而为是一句脱辞，是对自己解决问题态度的一种主观原谅；竭尽全力则是对自身潜能的最大挖掘，是对一个问题的执著与负责，是必要时进行自救的法宝。

24岁的海军军官吉米·卡特，于1946年毕业于海军学院。一天，他应召去见海曼·里科弗将军。在谈话中，里科弗将军让卡特挑选任何他愿意谈论的话题。然后，他再问卡特一些问题，结果将卡特问得直冒冷汗。

终于卡特明白了：自己自认为懂得很多东西，其实还远远不够。结束谈话时，将军问他在海军学校的学习成绩怎样，卡特立即自豪地说："将军，在820人的一个班中，我名列59名。"他满以为将军听了会夸奖他，不料，里科弗将军皱了皱眉头，不但没有夸奖他，反而问他："你为什么不是第一名？你尽自己最大的努力了吗？"这句话令卡特觉得震撼，很长时间，他都没说出任何一句话。

但他却从此把将军的这句话牢牢地记在了心里，并将它作为座右铭，时时激励和告诫自己，要不断进取，永不自满和松懈，尽最大努力做好每一件事情。最后，他以坚持不懈的进取精神登上权力顶峰，成为了美国第39任总统。

卸任后，吉米·卡特在撰写回忆录时，曾将这句话作为标题：你尽最大努力了吗？

机遇偏爱那些竭尽全力的人。海明威曾经说过："一个人只要竭尽全力地去做一件事，不论结果如何，他都是成功者。"要知道，如果不懂得竭尽全力，那么"神奇时刻"是永远不会垂青和眷顾于你的。

凡事尽力而为是不够的，必须竭尽全力才行，如此才有可能得到希望的结果。只有竭尽全力，发挥出自身潜能，你才会有更优秀的表现。

娜拉小时候学芭蕾舞时，父亲对她严格得近似残酷。每当她想停下来休息时，父亲总是问："你竭尽全力了吗？"于是，娜拉便咬着牙继续练，直到筋疲力尽无法站立时，才瘫坐在地上休息。

日复一日，年复一年，枯燥乏味的练功生活使娜拉觉得学芭蕾舞简直是一种痛苦，她开始厌烦练功，打算放弃芭蕾。父亲得知她的打算后问："当初是谁决定学芭蕾舞的？"娜拉惭愧地说："是我。"父亲说：

"你今天放弃了芭蕾，明天还会放弃别的，因为干任何事情都会遇到无法预料的艰难。如果你决定去做什么事，你就要用尽全力去做，否则你会一事无成。"

娜拉委屈地抱怨说："可我每天的练功生活太枯燥乏味了！"父亲劝解说："任何一个学芭蕾舞的人都是这样，别人都能做到，你为什么不能，除非你是弱者。"

娜拉不想成为弱者，她用父亲经常说的"你竭尽全力了吗?"这句话激励自己，练功累了就用海绵擦洗一下四肢，借以恢复体力，然后接着再练。最后她终于成了一名著名的芭蕾舞演员。

不管做什么事，都要竭尽全力。这种精神的有无，可以左右孩子日后事业上的成败。如果让孩子领悟了竭尽全力这一秘诀，不管做任何事都能有所成就。

想有所成就就要懂得努力，而且每时每刻都要竭尽全力，而不是偶尔竭尽全力。在做事时，只要能竭尽所能，做得比一般人更好、更精确，自然就能引起别人的重视，从而使自己不断发展和进步。

以"空杯心态"接受挑战

有个心理学名词叫"空杯心态"。其象征意义是：如果想学到更多东西，先要把自己想象成"一个空着的杯子"，不应该止步不前。如果一个人把自己想象成一个空的杯子，那么他就能怀着一颗谦卑的心，以无限的热情去学习新的知识、新的技能，不断充实自己。如果他骄傲自满，总认为自己已经很了不起了，那么他将永远停留在原地无法前进。当他的那些旧的知识和想法已经无法适应新的潮流的时候，这个人就会被时代所淘汰。

在乔丹还是个不太知名的球员时，一场比赛胜利后，乔丹和同伴正沾沾自喜地分享胜利的喜悦。教练却并没露出过多的胜利的笑容，而是把乔丹拉到一旁，严肃地把乔丹批评了一通，其中的一句话使乔丹永铭于心："你是一个优秀的队员，可今天的比赛场上，你发挥得极差，完全没有突破，这不是我想象中的乔丹，你要想在美国篮球队一鸣惊人，必须时刻记住——要学会自我淘汰，淘汰掉昨天的你，淘汰自我满足的你……"

乔丹就是凭借着这位教练的一句话，挺进了芝加哥公牛队。后来成为全美国乃至全世界家喻户晓的"飞人乔丹"。

人不能总为自己的那点"小成绩"而沾沾自喜，放弃努力奋斗。如果我们过分注重或满足于一次小小成绩所带来的惊喜与荣誉之中，那只能束缚自己今后的发展。我们应该及时地发觉自身的不足，随时应对全新的挑战；然后通过不懈的努力，使自己的人生轨迹不断向前。

每个孩子都掌握了一定的知识，有过一些经历，就好比水杯中已经蓄了很多水。而当你面对新的学习任务时，你能否有收获，取决于你是否能倒空你杯中的水，潜下心来从头学习、从头做起。要想不断进步，就要拥有空杯的心态。空杯的心态就是谦虚的心态，一切从头再来。在成长的道路上，当我们用一种"空杯心态"去面对眼前这个变化日益加快的世界时，我们就会抱着一种学习的态度去适应新环境，接受新挑战，创造新成绩。

世界球王贝利在20多年的足球生涯里，参加过1364场比赛，共踢进1282个球。并创造了一个队员在一场比赛中射进8个球的纪录。他不仅球艺高超，而且谈吐不凡。

贝利在足坛上初露锋芒时，一位记者问他："您哪一个球踢得最好？"他毫不犹豫地说："下一个！"而当他在足坛上风云叱咤，已成为世界著名球王，并踢进了一千多个球以后，又有记者问他："您哪一个球踢得最好？"他的回答仍然是"下一个"。

贝利的这一句"下一个"确实发人深省。有人认为这体现了他的谦逊态度，然而，更为重要的是反映出了他的不满足精神。贝利是清醒的，他没有满足今天的"这一个"，而把最好的一个球锁定在永无止境的"下一个"中。

在成长的道路上要有永不满足的心态。每当实现了一个近期目标，决不要自满，而应该挑战新的目标，争取新的成功。要把原来的成绩当成是新的起点，这样才能不断攀登新的高峰，才能取得新的成绩。

我们要学会"倒空"自己，不要把过去的光环背在身上，不要咄咄逼人，而要脚踏实地进取。北大学子张珂认为，"进入好的大学，并不能保证毕业之后注定会成功。真正的成功是改变了这个世界，在你要达到成功之前，一个人必须要能够接受各种挑战。"不是最好就要努力成为最好，而即使你是最好，也永远可以做得更好。当你取得一定成绩后，应站在一个更高的起点，给自己设定一个更具挑战的标准，才会有准确的努力方向和广阔的前景。

著名主持人白岩松曾对儿子说："我们每一个人，只不过是和自己赛跑的人，在那条长长的人生路上，追求更好强过追求最好。"永远不要把过去当回事，永远要从现在开始，接受各种新挑战。当"空杯"成为一种常态，一种延续，一种不断的时刻要做的事情时，也就完成了人生的全面超越。

每天进步一点，成就无限

不论是钻研知识、学习技能还是追求成功，我们都得逐步累积自己吸收的养分，进而培养出扎实的能力。成就是由无数个点组成的完整的生命历程，成功就是每天进步一点点。

一步登天做不到，但一步一个脚印能做到；一下成为天才不可能，但每天进步一点点有可能。许多学生都有这样一种共识：每天都有点滴的进步，不仅能充分发挥自己的潜能，还能积累成功的资本。的确，成功与不成功之间的距离，并不是一道巨大的鸿沟。二者只差别在一些小小的动作：这个动作就是每天花五分钟阅读、多做一道题、或是多做一次实验。在实践理想时，你必须与自己做比较，看看今天有没有比昨天更进步，即使只有一点点。

任何成就都不能一蹴而就，而是需要一个循序渐进的过程。古今中外，任何一个有所成就者都是在艰难困苦中凭着一股锲而不舍的韧性，从点滴小事一步一步干出来的。每天进步一点点是简单的，一个人，如果每天都能进步一点点，试想，有什么能阻挡得了他最终达到目标？在所有的领域，那些最知名的、最出类拔萃者与其他人的区别，就在于多做那么一点儿。谁能使自己多做一点，谁就能得到几倍的回报。

英国著名作家兼战地记者西华·莱德讲了这样一段亲身经历：

"当我推掉其他工作，开始写一本书时，心一直定不下来，我差点放弃一直引以为荣的教授尊严，也就是说几乎不想干了，最后我强迫自己只去想下一个段落怎么写，而非下一页，当然更不是下一章。整整六个月的时间，我除了一段一段不停地写以外，什么事情也没做，最后居然写成了。

"几年以后，我接了一件每天写一个广播剧本的差事，到目前为止一共写了2000个剧本。如果当时签一张'写作2000个剧本'的合同，我一定会被这个庞大的数目吓倒，甚至把它推掉，好在只是写一个剧本，接着又写另外一个，就这样日积月累真的写出这么多了。"

成就是把简单的事情重复着去做。其实，任何人，只要能在重复性的工作中寻找到提升的要点，将每一次点滴的进步累加起来，最终都能够实现质的飞跃。

著名投资专家约翰·坦普尔顿通过大量的观察研究，得出了一条很重要的原理："多一盎司定律"，一盎司只相当于1/16磅，但是就是这微不足道的一点区别，却会让你的工作大不一样。他指出，取得突出成就的人与取得中等成就的人几乎做了同样多的工作，他们所做出的努力差别很小——只是"多一盎司"。但其结果，所取得的成就方面，却经常有天壤之别。

在耶鲁大学求学时，坦普尔顿就决心把"多加一盎司"运用到学习中。他决心使自己的各科作业不是95%而是99%正确。结果是，他在大三就进入美国大学生联谊会，并被选为耶鲁分会的主席，得到了罗兹奖学金。

把"多加一盎司"定律运用到学校的足球队，我们常常发现，那些多一点努力，多练习了一点的孩子成为了"焦点"，他们在比赛中起到了关键的作用。这只是因为他们比队友多做了那么一点。在生活、工作中，有很多时候需要我们"多加一盎司"，其结果可能就大不一样。

在所有的领域，那些最知名的、最出类拔萃的人与其他人的区别，就在于多做那么一点儿。谁能使自己多做一点，谁就能得到几倍的回报。我们如果每天都能"多加一盎司"，就可能成为优秀的人。如果想让自己最后能有"翻天覆地"的大变化，只需要持续地每天进步一点点。

人生就是这样，只有迈步，路才会在脚下延伸。只有持续，才会向理想的目标靠近。学习越是困难或不愉快，越要立刻去做，坚持每天向前，让自己每天进步一点点，这样日积月累，慢慢就能达到目标。

第五章

学会交往，这是实现梦想的力量

交往能力，是中小学生必备的能力之一。我们应从小重视培养孩子的交往能力。要多创造机会和条件，让孩子主动与人交往。要让孩子抛开成见，学会接纳不同的人。良好的交往不仅能保证人际关系顺畅，也会为中小学生的成人、成才、就业打下坚实的基础。

学会和不喜欢的人相处

在现实生活中，许多中小学生免不了会跟着感觉走，只和自己比较欣赏或者喜欢的人交往，尽量避免与自己兴趣不同、印象不良的人做朋友。这样做似乎无可厚非，但仔细一想，却有诸多不妥。

如果只愿跟自己喜欢的人做朋友的话，容易使他人误解；他人可能会认为你看不起他，从而在内心对你产生不满，这不利于人际关系的融洽。从另一方面来讲，总和同一类的人交往，也不利于自身的发展。

如果能学会和自己不喜欢的人相处，更有利于人际关系的和谐，就能够更好地取长补短。假如总是抱着冷漠的态度，将会失去许多对自己来说非常重要的人，纵然像盖茨和巴菲特这样杰出、聪明的人物，也有可能与真正值得交往的人失之交臂。

曾经，世界首富比尔·盖茨和世界第二富翁沃伦·巴菲特是两个互不相干的人，两人之间甚至还有很深的偏见：盖茨认为巴菲特固执、小气，靠投资发财；巴菲特则认为盖茨不过是运气好，靠时髦的东西赚钱而已。但是，通过1991年的一次交往，两人后来成了商场上不多见的莫逆之交。

那天，盖茨收到了一张邀请他参加华尔街CEO聚会的请帖，主讲人就是巴菲特，他不屑一顾地随手丢到了一旁。母亲微笑着劝他说："我倒是觉得你应该去听听，他或许恰好可以弥补你身上的缺点。"母亲的话让盖茨清醒了许多，决定去见一下大他25岁的巴菲特。

见到盖茨后，巴菲特傲慢地说："你就是那个传说中非常幸运的年轻人啊。"盖茨没有针锋相对，而是真诚地鞠了一躬，"我很想向前辈学习。"这出乎巴菲特的意料，心里不由对盖茨产生了好感。

巴菲特和盖茨有意坐到了一起，交谈起来。两人惊异地发现，他们有太多的共同点，都是白手起家，热衷冒险，不怕犯错误……不知不觉中，一个多小时过去了，巴菲特被催促着来到演讲台上，他的开场白竟然是："今天，我第一次和比尔·盖茨交谈，他是一个比我聪明的人……"

随着交往的深入，盖茨逐渐了解到巴菲特对金钱有着超凡脱俗的深刻见解；他不但支持妻子从事慈善事业，而且身体力行；他乐于助人，对待朋友非常真诚、友好，他的人格魅力经常打动每一个与之交往的人……

人与人之间存在厌恶心理，不愿意交往，往往是彼此没有真心交往、主观臆测的结果。假如先入为主，抱着厌恶和过分警惕的态度，就会失去真正值得交往的人。唯有积极与人交往，真心对待不喜欢的人，不苛求他人，才是结交朋友的最可靠最必要的途径。

事实上，每个人都有自己的优点和缺点，过分苛求别人的完美是不应该的。所以，在和他人相处时，要尊重差异，不挑剔他人，在接受别人的长处的同时，也要包容别人的缺点。这样彼此相处的空间才能扩大，这就是要求我们，不必要求对方凡事都如自己的意，符合自己的标准，要学会从喜欢的角度来欣赏对方，尊重对方。这常常会得到意想不到的效果。

　　　　正在读中学的奎琳有非常多的朋友，并且她也深得朋友拥护。这和她两年前的一段经历有关。

初春的一天中午，天气非常暖和，奎琳和爸爸在郊区公园散步。在那儿，她看见一位老太太。紧裹着一件厚厚的羊绒大衣，脖子上还围着一条毛皮围巾，仿佛天气很冷似的，样子很滑稽。奎琳悄悄地对爸爸说："你看那位老太太的样子多可笑呀！"

她爸爸的表情立时变得特别的严肃。他沉默了一会儿说："奎琳，我突然发现你不会欣赏别人。这证明你在与别人的交往中少了一份真诚和友善。"

她爸爸接着说："那位老太太穿着大衣，围着围巾，也许是大病初愈，身体还不太舒服。但你看她，正在注视着树枝上的一朵花儿，表情是那么的生动，你不觉得很可爱吗？她喜欢春天，喜欢美好的事物。我觉得她令人感动！"

她爸爸领着她走到那位老太太面前，微笑着说："您欣赏春天时的神情真令人感动，您使春天变得更美好了！"

那位老太太激动地说："谢谢，谢谢您！先生。"之后，她由衷地赞叹奎琳说："孩子，你真漂亮……"

事后，爸爸劝导奎琳说："奎琳，你一定要学会真诚地欣赏别人，因为每个人都有值得我们欣赏的优点。当你这样做了，你就会获得很多的朋友。"

每个人都有自己的处世原则、做事风格，不要试图去改变别人，要让自己学会喜欢对方，尊重对方，从内心里接纳。这样才能减少一些反感和厌烦的情绪，并努力寻求对方的亲近和认同，从而增进双方情谊。

具体说来，应怎样和自己不喜欢的人相处呢？

首先应注意了解他人。我们可能都有这样的体验：如果对一个人不了解，你和他在感情上就必然有距离。所以，对不喜欢的人应设法多了解。这样，你可能就会逐渐理解他、体谅他、喜欢他，慢慢地你们甚至还可能成为好朋友。

其次，不妨试着与厌恶的对象多接触，起初可能会有严重的抗拒感，但随着接触次数和互动次数的增加，抗拒感会逐渐减轻，对对方的好感会随之增加。因此，主动增加与讨厌对象的接触，是改善彼此关系的好方法。

总之，学会与自己不喜欢的人相处，是一种良好的处世方式。受益最大的其实还是自己，他或许恰好可以弥补你身上的缺点，促进你的进步与发展。

主动交往，才能获得更好的人缘

中小学阶段的孩子大多都是独生子女，处处受着呵护宠爱，往往容易养成"以我为中心"的习惯，从而不太愿意与他人交往。研究证明，当孩子拥有大量朋友时，他会始终保持积极、乐观、进取的状态；相反，如果没有朋友，孩子容易变得消极自闭、内向胆怯。所以，我们要鼓励孩子多与人交往。

乐于与他人交往，对孩子来说有利无害。孩子在与他人的交往中会增加信心，学习到人际交往的方法。孩子在与他人交往的过程中，能学会避免自我中心主义，培养乐于为他人着想的优秀品质。而孩子是否善于同别人打交道，在人群中人缘如何，对他以后的学习和人生的发展有很大的影响。因此，我们要从小重视培养孩子与人交往的能力。

杜威的人际交往能力非常强，这源于父亲从小对他的培养。读完小学后，他爸爸为他选择了一所寄宿制学校，他想让儿子在集体生活中学会与人沟通交往。

杜威的宿舍里住着6位同学，他恰巧被分配住在下铺。睡在上铺的同学成绩一般，他有些忌恨成绩特别优秀，杜威深受老师们喜爱，所以他一直处处和杜威作对，还常常联合其他人为难杜威。杜威不知该如何改变这样的局面，他回家后就向爸爸诉苦。

爸爸这时教导他说："不懂得与人相处的人永远不会成功。所以你要多花点时间与同学交往，让他们了解真实的你。要想改变这种状况，你必须从自身做起，主动去跟同学们说话；在同学有困难时，主动去帮忙。这样，误解自然会消除，你和同学会相处得很好。"

听了爸爸的教导，杜威豁然开朗。他开始主动与同学们交往，主动帮同宿舍的同学打开水，抢着打扫卫生。同学生病时，他细心地照顾。同学们向他请教问题时，他都耐心而详细地给他们讲解。慢慢地，同学们开始喜欢上了他，大家都愿意与他交朋友，包括曾一直跟他作对的那位同学。

爸爸的引导很有效果，杜威在学校的集体生活中，学会了怎样与他人相处，这对他以后的大学生活起到了极大的帮助。

"如果不是父亲教我学会了如何与人交朋友，我恐怕可能会一事无成。"后来杜威这样说。

鼓励孩子交朋友，支持孩子交朋友，是每一位家长都应该做的事。生活中，要想获得良好的人脉，交到更多的朋友，首先要做的就是学会与人搭关系。家长应多给孩子创造与他人接触的机会和条件，让孩子主动与人交往。

"怎么了，米奇？"他妈妈问，"你为什么那么不高兴？"

"没人肯跟我玩。"米奇说，"我真希望我们还是住在老家。我在那儿有许多朋友。"

"不用担心，在这儿你很快会交上朋友的。"他妈妈说。

随后，他妈妈带着米奇敲响了隔壁邻居凯里太太家的门。

"你好"她说"我是米勒太太，住在你的隔壁。"

"进来吧"凯里太太说"我和鲍勃都很高兴你们来。"

"我来借两个鸡蛋，我想烤个蛋糕。"

"我可以借给你"凯里太太说"别着急，请坐一坐，我们喝点咖啡，聊会儿天吧。"

第二天下午，又有人敲门，凯里太太打开门。门外站着米奇。

他说，"我妈妈叫我送你们这个蛋糕，还有两个鸡蛋。"

"谢谢你，汤姆。进来和鲍勃玩吧。"

米奇和鲍勃年龄相仿，不一会儿，他们吃完了蛋糕，开始到院子里玩耍。鲍勃问："你能待在这儿跟我玩吗？"

米奇说："可以，我能待一个小时。妈妈说我们很快会成为好朋友的。"

鲍勃说："我很高兴你妈妈需要两个鸡蛋。"

米奇笑了："她其实并不是真的需要鸡蛋，她只是想让我跟你交朋友！"

在陌生人面前，许多孩子常感到发怵，其实，只要你敢于大方地伸出自己的双手，对方一定会给予热情回应的。当孩子学会了说"让我们做朋友吧"，这意味着他们已经掌握了人际交往的主动权。

只有让孩子学会和他人主动交往，才能获得更好的人缘，为未来的发展提供人际助力。

家长要鼓励孩子热情地对待他的同学和朋友。早上初见面时，可以主动上前去问候他人一声：早上好；当对方遇到问题时，可以助他一臂之力；当对方有事时，可以主动去当个帮手，等等。如果能让孩子这样去想、去做，是完全有可能赢得对方的好感，建立深厚情谊的。

以优秀者为榜样，能帮助孩子成长

与人相处，近朱者赤，近墨者黑。犹太经典《塔木德》中有句话："和狼生活在一起，你只能学会嗥叫，和那些优秀的人接触，你就会受到良好的影响，渐渐成为一名优秀的人。"这句话的确很有道理。假如孩子总和优秀者在一起，即使自身的行为不怎么好，也会在对方的潜移默化下，变得高尚起来；假如总和许多行为、举止十分卑劣的人在一块，用不了多久，孩子做事和说话的方式就会和那些人相似。所以，选择和什么样的人交往，就是在选择一种生活方式和习惯。孩子在结交朋友时，要让他选择那些积极乐观，比自己优秀的人，这对孩子的成长和发展非常有益。

比尔·盖茨在中学时代，朋友并不是很多。一位比他低两个年级的金发男孩保罗·艾伦是他朋友中的一个，因为盖茨的爸爸是位图书管理员，艾伦要通过他借一些最新的电脑书。

在借书还书的过程中，盖茨喜欢上了艾伦，于是经常跟他出入于学校的计算机房，与他一起玩编程游戏。临毕业时，盖茨已成为一个仅次于艾伦的计算机高手。

那年，盖茨考入华盛顿州立大学，学习航天。隔一年，艾伦进入哈佛，学习法律。两人虽然不在一个学校，但经常联系，艾伦继续向他借书，继续跟他探讨编程问题。

一年寒假，艾伦当时正为"是继续学法律，还是搞计算机"而苦恼，当他看到杂志上一台电视机大小的计算机后，对盖茨说："你不要走了，我们一起干点正经事。"在之后的几个月里，他们没日没夜地工作，编写出了一套计算机程序。

当他们带着这套程序走进一家微型计算机生产厂时，竟然得到一个意想不到的答复，给他们3000美元的基价，以后每出一份程序拷贝，付30美元的版税。盖茨喜出望外，再也没有回到学校，三个月后，一家名为微软的计算机软件开发公司在波士顿注册，总经理比尔·盖茨，副总经理保罗·艾伦。

后来，微软公司日益发展强大起来，盖茨已成为人所共知的世界首富。艾伦虽然稍差一些，显得有些暗淡，但在《福布斯》富豪榜上也名列前五位。

跟什么样的人在一起，你就会成为什么样的人。所以，如果有可能，我们要让孩子与那些资源多、优秀的人交往，以他们为榜样，感受他们奋斗的激情，学习他们成功的经验方法，让自己发展得更快。

孩子的世界需要一位榜样，以给予自己正确的人生指引。人们常说，榜样的力量是无穷的。榜样也就是偶像。所以，在中小学这个孩子爱追偶像的阶段，家长应帮助他们找对偶像，这有非常重要的现实意义。这个偶像可能是一位学生，可能是一位老师，可能是一位电影演员，可能是一位体育明星。

如果你的孩子以姚明为偶像，那是非常不错的，因为姚明勤奋、上进、自律，没有绯闻。让孩子跟姚明学，肯定错不了。如果你的孩子以刘翔为偶像，那也很好。刘翔成绩好，而且一直在不懈地追求，有百折不挠的精神。

如果让孩子以刘翔为偶像，那他肯定能在困难面前不低头，不退缩，迎难而上，从而更快成长。

如果您的孩子以周杰伦为偶像，也值得认同。因为周杰伦不光歌唱得好，还是个有才华的创作人，精通很多乐器。小时候学习音乐很用心努力。这对孩子会有极大的激励作用。

如果你的孩子不幸以一些品行低劣的人为偶像，家长一定不要看似好玩而放任不管，要及时扼制。不然，一旦习以为常，将会带来恶劣后果，那时再教育起来就麻烦了。

著名作家刘墉亲手将儿子刘轩送进了哈佛大学。他认为："对孩子应常用启发式教育，但是孩子也需要管教，需要规矩。我们所要做的，就是用规则的手段，强化孩子良好的思考与行事的习惯。"

在儿子刘轩十几岁的时候，刘墉对他的管束没有分毫放松，儿子看电视他要管，儿子打电话他要限制……。有一段时期，刘轩和一个穿着、举止另类的女孩交往非常密切。刘墉觉得不对劲，一番盘问，把那个女孩吓跑了。然后，刘墉对儿子说："十八岁之前，你的事情我都要过问，比如这个女孩，绝对不可以交往……"

因为刘墉的专制教育，父子关系一度很紧张。刘轩甚至一度想离家出走，刘墉却苦苦坚持着。

直到刘轩进入哈佛大学，开始独立生活之后，才逐渐明白了爸爸的良苦用心。他也渐渐明白了：正是爸爸的引导，使自己越飞越高。

刘轩的事例给我们的启示是：要让孩子与优秀者交往，以杰出人士为榜样，这样有利于孩子的进步，能促使孩子快速成长……

有了合适的榜样，孩子更容易明白自己想要的生活是什么样。此时，家长可以多鼓励孩子模仿这个榜样的正面行为，不妨寻找或制造机会，让孩子与其多接触。为孩子找到榜样后，要让其从尊重和欣赏的角度出发，学习对方的长处，让对方促使自己不断完善，弥补不足，这样才能挖掘自身的潜力，使自己快速成长。

西方有句名言："与柏拉图为友，与亚里士多德为友。"就让孩子以优秀者为榜样吧。在成长的道路上，多聆听优秀者的忠告，让他们的思想浸润我们，改变我们的未来。

培养合作意识，借力发展自己

对中小学生来说，在成长的道路上，凡事仅靠自己的力量是远远不够的，要想做事快速而有成效，往往需要与人合作。合作是指两个或两个以上的人为了实现共同目标而自愿地结合在一起，通过相互之间的配合和协调而实现共同目标。单打独斗也许能够取胜一时，但是只有学会与别人合作，才能长久立于不败之地。

北京的一位优秀教师在一次活动中，请学生帮助交通警察统计一个十字路口的车辆通过情况。由于过往车辆特别多，所以单靠几个学生无法完成工作。于是，这位老师就请大家想办法，学生们想到了"合作"，先是由每人记录一种车，最后统计汇总，这样很快就完成了任务。通过这样的方法，让学生们意识到：团结起来力量大，单靠个人有些任务是无法完成的。

成长过程中，竞争固然重要，但合作更为重要。合作是生存与发展的重要组成部分，只有与人合作，才能获得生存的空间，也只有善于合作的人才能赢得发展。拥有合作意识是成就未来不可缺少的因素。我们要想让合作意识在孩子心中扎根，就必须先让孩子通过一种形式或一个活动意识到合作的重要性，感受到合作给自己带来的益处。

我们在教育孩子努力追求目标的同时，一定要注意培养孩子的合作意识，要让孩子明白，任何一个人都需要他人的帮助和配合，每个人都需要借助他人的智慧完成自己的超越。

在哲铭上小学六年级的时候，学校举行了一次艺术活动，有演讲、绘画、征文、等比赛项目。结果，哲铭在征文比赛中获得了一等奖。他非常高兴，之后天天用心背稿子，准备参加接下来的演讲比赛。

一天放学回家后，哲铭不高兴地对妈妈说："真不公平，老师竟然让郭阳参加演讲比赛，而不叫我。"

妈妈沉吟片刻，对哲铭说："我听过郭阳的演讲，水平的确比你高一些。"

"可她演讲的内容是我获奖的那篇文章呀！有本事自己写，这是不公平的。"哲铭不服气地说。

"看来你很有意见，说说为什么？"他妈妈问。

哲铭一口气说了很多的理由。他妈妈这样开导他："我觉得你们老师真了不起，她能发现你的写作优势，郭阳的演讲优势，但愿在比赛中你俩都能得奖，这应该是件愉快的事呀！

"妈妈，那么编剧好，还是演员好？"哲铭问。

他妈妈回答："都好，只是承担的任务不一样。编剧在幕后创作，他的作品要通过演员的表演来展示，谁也离不开谁，但妈妈认为你更适合当编剧。"见哲铭的脸已完全舒展了，她又说："人的才能不一样，分工也不同，我们要发现自己的优势并尽情地展示，也要看到别人的优势，并由衷地赞赏，而且还要善于相互合作达到双赢。"哲铭郑重地点了点头。

"妈妈，我以前真傻。"哲铭不好意思地说。

孩子的合作精神需要家长的精心培养。只要家长能在日常生活中随时向孩子进行合作教育，孩子就一定能学会和他人友好合作。

那么，我们应该怎样培养子的合作精神呢？

1. 营造合作的氛围

要培养孩子的合作精神，家长首先要以身作则。如果父母之间经常互相合作，就可以在孩子的心中种下合作的种子，如，爸爸买菜、洗菜，妈妈烧饭等。另外，也可以让孩子帮父母做一些力所能及的事，如：共同收拾书桌，整理图书等，以培养孩子的合作意识。

2. 创造合作的机会

有了合作的意识，也需要有合作的机会。家长应尽可能地为孩子创造与外界接触的机会，在闲暇时多带孩子外出，鼓励孩子多与他人交往，多为孩子创设结交朋友的机会。也可邀请孩子的朋友到家里来玩。孩子们在玩各种游戏时，应鼓励他们共同商量、友好合作、相互配合，从而使游戏顺利进行下去，在此过程中孩子的合作能力会大大加强。

当家长看到孩子能与同伴一同友好地协商、互助时，要及时地给予肯定、鼓励，如，"你们能商量着，合作着来，真好!""你们俩互相帮助、互相学习，配合得真好!"家长的赞许，能使孩子受到极大的鼓励，从而增强自信，强化合作行为。此外，家长应注意引导孩子感受合作的成果，体验合作的愉快，从而使合作行为更加稳定、自觉化。

附录①

给爸爸妈妈的一封信

同学们，听完我们的演讲、看完我们的书之后，你是否体会到了父母日夜的辛劳？是否感觉到了父母无尽的付出？想不想对爸爸妈妈说些什么呢？

也许你最想说的是感谢。感谢妈妈，给了我们生命和关爱；感谢爸爸，给了我们严肃而慈祥的父爱，给予我们未来。我们应从学会表达开始，学会感恩父母！

写信是一种表达情感的好方式。"江水三千里，家书十五行。行行无别语，只道早还乡。"明代诗人袁凯的《京师得家书》流传至今，感人至深。无论是战争年代还是和平年代，书信中透露出来的文化内涵和教育信息，总是感人至深，带给我们无限的温暖与感动。

如果你内心深受触动，请将你的感受以书信的形式写下来，与爸爸妈妈一起分享吧！

给父母写信，是感恩的好方式，这样去做，会赢得父母的无限感动。

我们相信，这封信将会非常重要，甚至深刻地影响你以后的人生！

看，我写完了。这是我写给爸爸妈妈的一封信！

亲爱的爸爸妈妈：

……

附录 2

决 心 书

父母含辛茹苦地抚养我们，我们成长的每一步都饱含着父母的辛劳。当我们茁壮成长时，他们却日趋衰老。曾经由于我们的懵懂无知，给他们增添了更多的白发，更深的皱纹，更多的心事！

和父母无私的付出相比，我们是多么浅薄无知，的确应该深刻地反省！

现在，我们长大了，懂得了应该怀着感恩之心去体谅父母，回报父母。父母是最辛劳，最无私，最值得回报的！而只要我们能"好好地活着"——就是对父母最好的回报！

好好活着，就应该下定决心奋发图强，天天向上！

请在这里写下你人生的五大决心，并让你的父母签名！

第一大决心：

第二大决心：

第三大决心：

第四大决心：

第五大决心：

我们郑重承诺：

我一定要抓紧每一天的分分秒秒，让自己每天都有收获！

我做任何事，都会竭尽全力，一丝不苟！

我会用不懈努力赢得未来！

我的签名：   时间：

见证人：   地点：

额外赠送篇 ▶▶▶

清晨八问

我今天的目标是什么？

我的人生终极目标是什么？

今天最重要的一件事是什么？

我今天如何与周围的人相处？

我今天要学哪些新知识？

我要以怎样的心情对待今天？

我今天怎样做才会比昨天过得更好？

我应该对什么心存感激？

夜晚八思

我今天是否完成了我的小目标？

我离我的大目标又更进了一步吗？

今天发生的一切对我有什么帮助？

我如何才能活得更好？

今天我做事情竭尽所能了吗？

我明天的目标是什么？

我生活中还有哪些不足？

我应该为什么而感到自豪？

99 挑 战 计 划

姓名：_____　　挑战计划：_____

每天做到打 "√"，没有做到打 "×"

承诺：达到奖励：_____　　未达成惩罚：_____

起始日期：_____

　　（说明：99挑战计划是连续99天挑战某一项行动的计划，你的挑战计划可以是：每天大声朗读英语30分钟；每天跑步20分钟；每天练习演讲30分钟；每天写一篇300字的日记等等。自起始日期以后，每天做到打 "√"，没有做到打 "×"。99挑战计划旨在培养良好的习惯和坚强的意志力。）

见证人：_____

心　得：_____